四時雅韻

古画中的岁时记

范昕 —— 著

中国财经出版传媒集团

中国财政经济出版社

北京

图书在版编目（CIP）数据

四时雅韵：古画中的岁时记 / 范昕著 . -- 北京：
中国财政经济出版社，2024.1
ISBN 978-7-5223-2773-0

Ⅰ. ①四…　Ⅱ. ①范…　Ⅲ. ①二十四节气－通俗读物
Ⅳ. ① P462-49

中国国家版本馆 CIP 数据核字（2024）第 006153 号

责任编辑：潘　飞　孙　琛　　　　责任印制：史大鹏
策划编辑：潘　飞　　　　　　　　责任校对：徐艳丽

四时雅韵：古画中的岁时记
SISHI YAYUN：GUHUAZHONG DE SUISHIJI

中国财政经济出版社 出版

URL：http：//www.cfeph.cn
E-mail：cfeph @cfemg.cn
（版权所有　翻印必究）
社址：北京市海淀区阜成路甲 28 号　邮政编码：100142
营销中心电话：010-88191522
天猫网店：中国财政经济出版社旗舰店
网址：https：//zgczjjcbs.tmall.com
北京时捷印刷有限公司印刷　各地新华书店经销
成品尺寸：170mm×230mm　16 开　17.25 印张　162 000 字
2024 年 1 月第 1 版　2024 年 1 月北京第 1 次印刷
定价：88.00 元
ISBN 978-7-5223-2773-0
（图书出现印装问题，本社负责调换，电话：010-88190548）
本社质量投诉电话：010-88190744
打击盗版举报热线：010-88191661　QQ：2242791300

推荐序

    2006年初秋，研究生新生一入校，时任复旦大学中文系科研副系主任的傅杰教授就向我推荐了来自中山大学的优秀推免生范昕。9月伊始，我与恬静聪慧、潜质优异的范昕就这样开始在学术场域中塑造我们的修辞认知，在复旦校园中建构我们值得珍视的师徒情谊。

    为实现学术理想，我们共同在语言学浩瀚博大的知识海洋中遨游，借鉴互文语篇理论宏观、动态、多元的研究方法，探索话语生成与理解的结构规律。

    在确立了以著名作家张爱玲为代表的"张腔"语言流派风格作为论文选题后，范昕就成了图书馆、自修室里研读作品和文献的可爱小"书虫"。硕士二年级下期，利用前往中国台湾成功大学访学交流之机，范昕收集、整理了大量关于张爱玲在中国台湾、中国香港、美国等地写作、生活的研究资料，借鉴台湾修辞学"篇章意象"的策略方法，考察张爱玲写作与"张腔"语言流派风格的互文路径，于2009年5月完成了八万余字的硕士学位论文《互文视野下的"张腔"语言风格研究》，

以"优秀"成绩顺利通过论文答辩，获复旦大学硕士学位。

就这样，我顺利地完成指导任务，向社会推送了一位优秀毕业生，而且她马上就成为《文汇报》这样重量级新闻单位的记者（实习阶段4个月内发表42篇文章，脱颖而出被选留）。继而经各种工作历练，范昕又顺利成长为《文汇报》的首席记者、主任记者、资深编辑。

展读书稿《四时雅韵：古画中的岁时记》，不难发现，范昕在学位论文撰写过程中的知识积累和思维训练、发掘论题的敏锐和对研究价值的把握，在该书的布局和阐释中也时有体现：

首先凸显的是语言学人的逻辑思维能力。如何确立一个阐释框架，解读古画中的历史事件、生活形态、人物形象及其喜怒哀乐？如何确立一个基点，去展开主题评论、艺术审美？这是该书立题研究首先要考虑的问题。范昕的逻辑思路清晰，选取了高度概括的时间维度和空间场景来搭建框架、切入论题。

对时间维度，可以作多种表述。该书选取了典型的春、夏、秋、冬四季轮回为时间纵轴，并以此为关键词，将贯穿于历时画作中循环往复的典型事件牵引出来，构筑空间场景。如二十四节气中的春耕秋种、夏收冬藏，传统节日、祭奠礼仪，吟诗作对、生活日常等。时空线索纵横交错，兼容了千年的社会历史与文化审美。此外，该书遴选出贯通千年历史长河的几百画幅，一条隐性的时间线索是用朝代名称唐、五代、南宋、北宋、元、明、清等作为话语标记来交代时间序列转换，以时序为经，通过不同时代画面的更迭，解读画家通过线条、色彩等视觉、触觉描绘的幻化陆离、色彩斑斓的天地人间与艺术世界，继而以交际事件、情感抒发的自然呈现为纬，引领读者的思绪进入画作所反映的人类史、美术史、中华民族文化史。

其次是修辞学人的艺术感知和传情达意的能力。

该书以春、夏、秋、冬四个关键词为叙事核心，次第描述四季的天地景象、人文情怀、宫廷盛宴、村野乡趣，特别是对四季意象的选取与解析，形象展示了画作的百千写意、水墨淋漓，传达出作者对绘画艺术的深刻感悟和万事万物美感的领略。解读话语如：

春天，拂堤杨柳、春和景明；

夏天，绿树浓荫、莲叶田田；

秋天，菊花丹桂、萧寺秋雁；

冬天，梅花凌寒、松轩醉雪。

可知，作者立题着意考察绘画传统的赓续，并注入了当代审美意识的深度解读。随着一幅幅画卷的徐徐展开，品鉴评论的文字，百科知识、人际交往的场景、画中与画外人物的智识情怀，都在相当程度上融为一体，达成共情共识。

唐代学者刘知己在《史通·叙事篇》中推崇一种写作境界："言近而旨远，辞浅而意深。虽发语已殚，而含意未尽。使夫读者，望表而知里，扪毛而辨骨，睹一事于句中，反三隅于字外。"入职十余年来，范昕访学者、找选题、组专栏，写评论，包括这部以古代经典画作为解读对象的著作，无不是以此境界作为创意写作、智识写作的至高标准：追求立意高远、文字炼辞炼意，兼容百科知识，以成就读者认同且有社会价值的写作目的。

《四时雅韵：古画中的岁时记》图文并茂，多模态形式（作者的叙述评论文字、图片以及图片中的诗句、题跋、印章、画家与收藏者的署名等）互动共现。作者不仅真切细致地去感悟、体验线条、色彩诸造型艺术手段直接塑造的绘画艺术形象，还积极调动言者、听者的心理感知，超时空联想画面中人物的百千姿态和随之生成的音响、节奏、韵律等，并用优美富丽、情感浓郁的笔触化平面为立体、变静态为动态，透过视觉画面塑造出时隔千年却栩栩如生的大千世界。

可以说，该书以专业眼光致敬经典，沟通时间隧道、扩充空间领域，解读古代画作中的艺术形象，描述中华民族的生活习俗和风土人情，构筑感知民族文化心态和领悟绘画艺术审美的重要渠道。从学术价值、艺术审美和社会历史文化意义的角度考量，该书在相当程度上反映了社会历史文化的丰富内涵，值得肯定！该书的出版，值得庆贺！

复旦大学中文系教授，中国语言学核心期刊《当代修辞学》主编，
中国修辞学会副会长
祝克懿
2023 年 11 月 8 日

自序

　　紫禁城内，太和殿前，汉白玉石制成的日晷巍然耸立。它感应自然，又被赋予人文色彩，在晨昏往复、寒暑易节中，见证着中国人独特且历史悠久的时间系统，并逐渐内化为中华民族的一种精神符号、文化标识。大约三千年前，中国人已发明出日晷，利用太阳照出影子的长短和方向来观测时间。光阴，是古人对于时间的称谓，所谓"一寸光阴"，原意即为日晷上的一寸影子。

　　知天时，顺四时，择时日，是中国人特有的讲究。无论各有丰厚内涵的传统节日，从春节、端午节到中秋节、腊八节，还是二十四节气这张俨然凝结中华智慧的时间表，无不让人清晰感受在年轮转动之下，老百姓有滋有味的生活方式。这是一种属于中国人的浪漫。

　　中国传统绘画尽管不以写实取胜，却在摄影术尚未问世的漫长时光里，以别样的方式为时序更迭的特定岁时留下珍贵的图证，甚至成为难得的历史档案。本书以一种"无知者无畏"，试图打通中国传统绘画

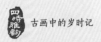

中的匠人画、文人画甚至壁画、年画、画像砖等门类，山水、花鸟、人物各科，工笔、写意、水墨、没骨、白描、界画等技法，找寻并放大不同画风作品背后的图像学意义与社会历史价值，将它们"混搭"成一部古画中的岁时记，从中亦可窥见中国传统绘画以意境取胜的独到表现力。

　　有的画未必是画史上的主流，却承载着大量社会历史信息，为人们掀开中国古代特定岁时、特定风俗的鲜活一角，如《明宪宗元宵行乐图》还原了明代宫廷欢度元宵佳节的盛景；清代宫廷画师徐扬的《端阳故事图册》以册页形式描绘清代端午时节的民间风俗。有的画找不到对应的现实场景，却以气韵为不同时节留下印记独特的心相，如隋代画家展子虔的《游春图》定格了大好河山盎然勃发的春日气息，南宋画家赵伯驹《江山秋色图》将秋天的山色变化演绎成富于节奏的交响乐。有的画聚焦四季"限定版"物象，以小见大，激起人们对于某个特定时节的向往，如清代画家恽寿平笔下春日的桃花灼灼、清代画家任伯年笔下秋日的醉蟹与菊花。有的画俨然将镜头推向时光流转之下的人，不经意间洋溢着老祖宗们在日常生活里的智慧与诗意，如宋代佚名画家笔下夏日的莲塘泛舟，《胤禛行乐图册》中冬日的围炉观书。无论画面的写实程度如何、与社会历史的匹配度如何，它们都无法脱离现实世界而独立存在。并且，写生亦是中国绘画自古以来的传统，有如荆浩之《笔记法》、黄公望之《写山水诀》为证。

　　这是一本跨学科的普及类读物，灵感来自笔者在《文汇报》责编"艺

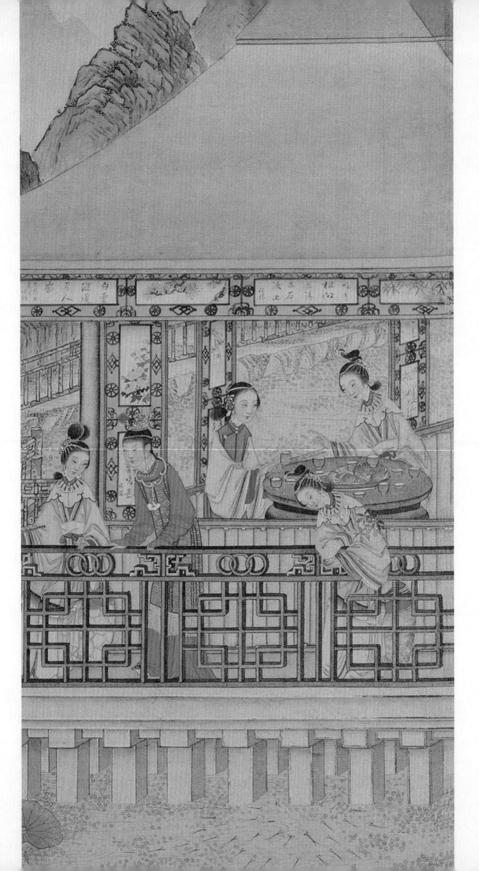

术·中华优秀传统文化系列谈"和"在二十四节气里读懂中国"这两个系列文化副刊的延伸感悟，包罗艺术、历史、民俗、自然、社会、文学等多学科知识。全书涉及的古画多达数百件，尽可能优先选择来源于海内外权威博物馆、美术馆的代表性作品，尽可能兼顾更为丰富的流派、画家。

本书特地没有循着传统佳节或二十四节气的推进顺序来行文，而是分春、夏、秋、冬四个篇章，试图在每个篇章中用若干关键词串起古画，以及古画所映照的这个季节的节日、节气、风物、风俗，凝聚起特定时节的精气神。这固然是一种并不严谨的分类方式，很多思考都不够成熟，不同章节里的内容不免存在交叉，有时只好择其与关键词最为贴合的某一方面，受关键词所限，也不得不舍弃了一些难以纳入框架的内容，例如七夕，但希望能形成一种更为通俗易懂的叙述，也尝试着揣摩一种更为意象化的表达，希望它能更为贴近中国画注重意境的本质。

范昕

目录

芳节

·

春到人间草木知

总把新桃换旧符

——古画中的春节

天寒地冻，围炉欢庆，家人团坐，灯火可亲。春节，明明是一年之中最为寒冷的时候，然而就人们的心理而言，却春意盎然。大年初一，古时又称元旦、元日、岁日、元辰。这是新年第一天，一元复始，仿佛过去一年再多的苦厄在此时都将归零，迎来一个欣欣向荣的全新起点。

孟浩然笔下的田家新年是："田家占气候，共说此年丰"（《田家元日》）；白居易忆及的春节家宴为："岁盏后推蓝尾酒，春盘先劝胶牙饧"（《岁日家宴戏示弟侄等兼呈张侍御二十八丈殷判官二十三兄》）；王安石《元日》曰："爆竹声中一岁除，春风送暖入屠苏"；叶颙《己酉新正》道："历添新岁月，春满旧山河"……由此不难窥见，春节意味着欢欣、希望。贴门神、放爆竹、吃饺子、饮屠苏酒、拜年、祭祖……春节沉淀下来的习俗丰富多彩，甚至衍生出为庆贺新年而绘制的节令画——"岁朝图",承载着人们迎新祈福的美好愿望。

历代画家作岁朝图,含有元旦开笔、预祝一年万事吉利之意。其中有一类可以归为风俗画,多以"岁朝欢庆"或"岁朝行乐"命名,充满浓郁的生活气息,最是将春节的欢腾景象、热闹氛围和盘托出,也为千姿百态的年俗活动留下生动的图档。

乡村人家如何过新年?晚明画家袁尚统画过一幅《岁朝图轴》(故宫博物院藏),表现的即为山村一隅过新年的景象。乍一看,这像一幅隐逸的山水画,树高山远,树石勾勒填色后皴擦,远山以花青淡淡涂染。凑近一瞧,十多个远比树小的人物居于画中下半部分,其中多个孩童在院中敲锣、打鼓、放鞭炮,尽情嬉戏玩乐,屋内三位长者则同桌对饮,观看儿童嬉耍。与之几乎同时代的李士达《岁朝村庆图》轴(故宫博物院藏,图1-1),画的也是民间村野里的春节,同样以山水为背景,然生活气息更加浓郁,年俗活动也更为丰富。画家的题跋,表明了此图所画乃苏州石湖。画中,水道将陆地分为若干块,以桥连接,村舍多达五六处,与大大小小的院落以及篱笆围墙参差有致,形成画面的节奏感。此图总共出现了约四十个人物,男女老幼皆有,身姿各异,神态生动。有意思的是,在常见的访友宴饮、燃放鞭炮、敲锣打鼓等春节场景之外,还埋了不少"彩蛋"。例如,画面中间偏下方的篱笆墙外,正在行走的两个童子正沿街吆喝售卖春饼(图1-2),其中一个童子胸前悬挂的箩筐里,正是装有春饼。春饼是用面粉烙制的

· 春到人间草木知

图1-1 〔明〕李士达《岁朝村庆图》轴

薄饼，一般要卷菜而食。春节与二十四节气中的立春有着深厚的渊源，时间上也通常相差无几。在这段时间里，人们有吃春饼喜迎春季、祈盼丰收的习惯。距其左方不远的村舍里，两人临窗而坐，饮酒叙谈，他们桌上放置的方形格盘，盛放着不同色彩的菜肴，此或为春盘。春盘又名五辛盘，指的是取五样辛荤的菜，供人们春日食用。杜甫的"春日春盘细生菜"、陆游的"春日春盘节物新"等诗句，都真实反映了这一习俗由来已久。而与之场景毗邻的廊内，两位文人雅士正在挥毫泼墨、切磋书画。这等风雅艺趣，在江南并不少见，亦构成太平盛

图1-2 〔明〕李士达《岁朝村庆图》轴局部

春到人间草木知

世、人民安乐的一个注脚。

　　富于市井气息的年味，浓缩在清代宫廷画家丁观鹏绘于乾隆七年（1742年）的《太平春市图卷》（"台北故宫博物院"藏，图1-3）。此图的水平构图、长卷形式，在岁朝图中甚为罕见，共绘有十六个场景、一百多个人物，将太平盛世京城新春市集的热闹劲洋洋洒洒地画了出来。其风格上也近似于年画，有着喜庆、鲜艳的色彩。爆竹、灯笼、果品、小吃、鸟鱼、泥人、玩具、面具……集市里的年货琳琅满目，应有尽有。令人大开眼界的，更有游艺活动。画卷中间人数最多的场景是跑旱船表演（图1-4）。这是北方民间喜闻乐见的娱乐节目，用竹片或木条为架，船舱、船身均以布绸装饰而成，表演者手把船帮站立船中，双脚走动带动船行。图中表演者共三人，均戴蓝色头巾，橙衣女子与灰裳男子背着布满蓝色花纹的船只，敲着锣鼓，人群中间身着橘色白花衣服的人则手拿折扇，神采飞扬，似在向观众介绍着表演内

图1-3 〔清〕丁观鹏《太平春市图卷》

图1-4 〔清〕丁观鹏《太平春市图卷》局部

芳节 · 春到人间草木知

容。跑旱船表演不远处有位蓝衣老者，背着两个太平鼓，左手执鼓，右手执杖，边走边击打，其身旁的两个童子一个也拿着太平鼓，另一个手举捧有太平鼓的粉衣人偶。太平鼓又名"单鼓""羊皮鼓"，是流行于北方各地的曲艺曲种，演员手执用铁条做成的直径约尺许、鼓面蒙以驴皮的圆形单鼓，以竹制鼓键击鼓，载歌载舞。此种表演因有"太平"寓意，也被称为"迎年鼓"。傩戏，这一流传久远、用以驱瘟避疫的舞蹈，则构成画卷的压轴场景。只见搭建的一人多高的戏台子上方，由幕后之人操纵的一个满身彩衣的傀儡人偶在绘声绘色地表演着傩戏，周围聚集了约二十位观众仰头观看。这些场景共同直观诠释着春节的盛大与喜庆。

富庶人家过新年，又有怎样的讲究？绘有大户家族新春之际于宅院团聚欢庆的清代宫廷画家姚文瀚《岁朝欢庆图》（"台北故宫博物院"藏，图 1-5），即展开颇为典型的图景。图中，正厅摆设酒食，长辈们围坐饮宴。家仆或持酒壶侍立，或端送糕果，穿梭于前厅回廊里。在后院偏房里，妇人们在忙碌备餐。远处阁楼上，几位男仆合力悬挂着大灯笼。在庭院中，孩子们一片欢乐喧闹，有燃放爆竹的，有携弄玩偶的，有敲锣打鼓的，有击板小唱的。三进院落，叠石假山，庭院里讲究的红木火盆，正厅中气派的"四季花卉"大立屏、典雅的朱几瓶插牡丹，无不凸显主人的身份，烘托出满堂富贵的年味。

在古代，帝王是国家的象征，因而在皇宫里的新年，尤其不同于

开韶庆佳
节合宴乐
团圆夫妇
同堂洽児
孙绕膝妍
华灯烁楼
表吉爆響
阶前瓊莩
南枝报春
光宇宙延

庚辰瑞文新瑞朝鼓
臣姚文瀚敬畵
初歌書

图1-5 〔清〕姚文瀚《岁朝欢庆图》

春节 · 春到人间草木知

一般，兼具家与国的双重意义。其年俗来自民间，但更讲求排场，有着一整套等级森严的典仪。例如，难以计数的宫灯是紫禁城年节不可或缺的气氛担当，通高十米余的万寿灯尤其独一无二；新年第一天举办的"开笔赐福"仪式，在乾隆年间渐成定例，这相当于皇帝给大臣们发放"红包"，发的是手书的"福"。可惜，由宫廷画师郎世宁与沈源、周鲲、丁观鹏等联合绘制的《乾隆帝岁朝行乐图》（故宫博物院藏，图1-6），尽管知名度颇高，却并没有为人们提供太多的历史文献价值。所画场景有山有水，可惜不见紫禁城典型的建筑景观，也不见宫廷年节的排场。乾隆的形象平凡可亲，他手持如意端坐在廊下的交椅上，一面欣赏屋外瑞雪初止的景致，一面看着庭院里玩耍的皇子们，恬然享受天伦之乐——这应当只是乾隆的美好想象。倒是一些未被归入"岁朝图"行列的界画、历史画，透露出紫禁城里过大年更为真切的线索。丁观鹏《十二禁御图之太簇始和图》（"台北故宫博物院"藏），一幅以紫禁城内建福宫花园为主的界画，绘的是正月新春这一带张灯结彩迎接新年的场面。画中可见延春阁与吉云楼等建筑均挂满宫灯，数量多达几十盏。多幅宫廷画师合作的《万国来朝图》（故宫博物院藏），则还原了元旦当天众多外国使臣携带各种珍稀贡品，聚集于太和门外等待觐见乾隆帝的历史场景。

中国传统绘画的妙处，素来在似与不似之间。既是艺术作品，也定然存在虚构成分。即便被认为颇具民俗学意义，《太平春市图卷》依

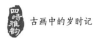

图1-6 〔清〕郎世宁等《乾隆帝岁朝行乐图》

芬节 · 春到人间草木知

然经不起推敲。有学者研究发现图中部分瓷器不合规制，结合作者丁观鹏的宫廷画师身份，认为此图呈现的可能是由宫人、奴仆扮演出来的集市景象，也可能来源于圆明园中买卖街的景象。姚文瀚的《岁朝欢庆图》其实更形成了岁朝图的某种程式化，与之相类似的还有冷枚的《闹春图》、徐扬的《万事如意立轴》、故宫博物院藏佚名《福贵岁朝图轴》以及《乾隆帝岁朝行乐图》等。它们几乎都是宫廷绘画，色彩浓厚富丽，以精细典雅的工笔画法描摹了理想中宫廷贵族阖家欢聚的年节盛景，并且与历史悠久的婴戏图紧密结合，寄寓着传统文化对于"多子多福"的崇尚。

更为源远流长的"岁朝图"，是一类"岁朝清供图"，通常以静物画的面貌出现。现藏于"台北故宫博物院"的北宋画家赵昌的《岁朝图》(图1-7)，是现存最早的岁朝清供图，图中花繁似锦、叶翠欲滴，可谓"满幅轻绡荟众芳"。"清供"，中国古代源于佛供的一种文化，以放置在案头供观赏的物品陈设构成传统佳节礼仪的重要组成部分，亦融合了文物鉴赏、插花、装陈等多种传统雅艺。古往今来，很多画家都喜欢绘"岁朝清供图"，以仙花、瑞草、嘉果、文玩、美器等寓意吉祥、适宜岁朝清供陈设的物象入画，以求新年好运。这样的画看似如"小品"，却给凛冽的寒冬带去和煦明媚的春意，也映出古代日常生活中的诗意。

岁朝清供图中频频出现的物象，满藏着谐音梗、寓意梗，形成认

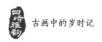

图1-7 〔北宋〕赵昌《岁朝图》

芳节 • 春到人间草木知

知中华民族传统节俗文化心理的一种"媒介"。例如，梅花寓意报春与"五福"（梅花有五片花瓣）；高洁无染、芳香沁人的水仙，代表着吉祥；牡丹是富贵的象征；松与柏有长寿的祈盼；白菜、萝卜、芋头等果蔬，寄寓对生活富足的期望；灯笼承载着添丁的愿望；与"平"谐音的瓶子，讨的是平顺、安康的"口彩"。岁朝清供图往往集多种吉祥物象于一画，组合之道暗含祥瑞"密码"：柏枝、柿子、如意（或灵芝）的叠加，通往"百事如意"；由蝙蝠或佛手、桃、石榴、九只如意构图的"三多九如"，含"多福多寿多子"的寓意。

钱选、陈洪绶、恽寿平、王翚、周之冕、金农、高凤翰、郎世宁、虚谷等历代众多"顶流"画家都画过岁朝清供图。借由此类图像展开的，是画家们的精神世界。同为"清末海派四大家"之一的吴昌硕与任伯年，他们笔下的岁朝清供图各有各的春日趣味。尽管年年画岁朝清供，年年却不重样，金石趣味以及少画牡丹都形成吴昌硕此类画作的特色。他曾在《缶庐别存》中写道："凡岁朝图多画牡丹，以富贵名也。予穷居海上，一官如虱，富贵花必不相称，故写梅取有出世姿，写菊取有傲霜骨，读书短檠，我家长物也，此是缶庐中冷淡生活。"吴昌硕绘于1902年的《岁朝清供》（中国美术馆藏，图1-8），仅画有瓶中的一枝红梅与盆中的一丛蒲草，逸笔草草，有着简约的格局和清雅的意境，可见其文人风骨。相比之下，任伯年的岁朝清供图更为雅俗共赏。他尤善集合数种象征，来寓岁朝之喜庆，画面色彩往往大胆混

图1-8 〔清〕吴昌硕《岁朝清供》

搭，呈现出一种蓬勃的烟火气。

令人意外的是，一些著名的资深书画"票友"也钟情于岁朝清供图。乾隆便是其中一位，年年亲绘岁朝清供图，留下多幅作品——四十五岁御笔的《岁朝图·同风》(故宫博物院藏)，绘有瓶、竹、灵芝、萝卜、新春大吉字条，墨色浓淡间颇显生活趣味；五十二岁时御笔的《岁朝图·春藻》(故宫博物院藏)，画中的青铜花瓶实为倒置的军中打击乐器——錞鼓，将其倒置寓意止战，木根如意、吉祥草为"皇祖手植"，有继承其祖父康熙治国精神之意，盘中瓜果为新疆地区物产，表明乾隆朝的疆域辽阔；五十六岁时御笔的《岁朝图·盎春》(故宫博物院藏)，以仿哥釉水罐插上三两枝梅，旁置百合、柿子、如意，"百事如意"尽在不言中。

灯火阑珊盼春来
——古画中的元宵

　　古人过年，一直过到正月十五元宵节。民间素有"小初一，大十五"之说——元宵节才是春节热烈气氛的顶点、启新大戏的高潮。有意思的是，这一天，通常与二十四节气中的雨水较为接近。立春是一年之中时序变幻的起始，而雨水则是一年之中生命活力的起始。可以说，到了元宵前后，人们将真切感受到从自然草木到人类本身所展现的无限生长潜能，真正迎接春天的到来。

　　元宵，又称元夕、灯节、上元节。灯，是这个日子的头号关键词。人们燃灯、点灯、提灯、观灯，猜灯谜、享灯戏，纵情狂欢，尽一夕之乐。欧阳修《生查子·元夕》曰："去年元夜时，花市灯如昼"；辛弃疾在《青玉案·元夕》留下名句："东风夜放花千树。更吹落星如雨"；唐寅《元宵》有云："春到人间人似玉，灯烧月下月如银"；曹雪芹在《红楼梦》中写道："诸灯上下争辉，真系玻璃世界，

017　　　　　　　　　　　　　　　　　　芳节 · 春到人间草木知

珠宝乾坤。"古来关于元宵佳节的图像记录数量不多,堪称重量级的却不少,例如,现藏于中国国家博物馆的《明宪宗元宵行乐图》长6.24米,生动描绘大明朝皇帝的元宵节;中国宝岛台湾"古董教父"徐政夫旧藏的《上元灯彩图》聚焦明代金陵城夫子庙一带的元宵盛景,画有两千余个人物。

唐代前后敦煌地区全民参与的元宵节燃灯、观灯活动,有幸为敦煌壁画所记载。莫高窟第四百三十三窟(隋代)、莫高窟第一百四十六窟(五代)中可见多层灯轮。莫高窟第一百五十九窟(中唐)、莫高窟第十二窟(晚唐)出现了燃灯斋僧的身影。莫高窟第二百二十窟(初唐)更是让人们直接感受彼时燃灯的非凡气势。此窟北壁是盛大的乐舞场面,四名舞者旋转于圆毡之上,两边分列巨大的西域式灯树,树上彩灯满缀,甚至能看到有人正在添油上灯,共计十层的中土式"金阙"灯楼耸入中央(图1-9),每层安置油灯无数,全楼灯火通明、金碧辉煌。学界认为,这一幕与长安城上元夜大型灯会甚为相似。在古代的敦煌地区,俗世和佛世的燃灯活动没有明确界限,人们一边诵读着燃灯文祈福,一边尽享观灯、赏灯的娱乐,构成敦煌上元节独特的风景线。

随着经济文化的空前繁荣,两宋时期的元宵节称得上是一个真正的城市节日。不少古籍记载宋代灯市计五天,由正月十五到正月十九。孟元老《东京梦华录》说每逢灯节,"游人集御街两廊下,奇术异能,歌

图1-9　莫高窟第二百二十窟北壁局部

舞百戏，鳞鳞相切，乐音喧杂十余里"。现存以元宵为主题的宋画，映出其中的一些侧影。南宋风俗画巨匠李嵩的《观灯图》（"台北故宫博物院"藏，图1-10），描绘宋人元宵节奏乐赏灯的场景。画面不算恢宏，背景或为富贵人家的庭院，却实证了当时花灯的繁复样式。占据上半画面的，是三盏以灯棚串联而成的巨型花灯。两名童子分别手提兔子灯和瓜形灯，距他们不远处的长桌上则置有一盏走马灯。南宋宫廷画家朱玉的《灯戏图》曾被著录于《石渠宝笈续篇》，二十多年前现身拍卖市场，引发关注。尽管画中有"庆赏上元美景"的字样，但画中并不见灯的踪迹。元宵期间的娱乐活动，都被笼统地归为"灯戏"。此画描绘的是南宋时期临安城元宵庙会中"闹社火"又名"舞队"的场景。这是一种古老的街头造型艺术。只见画中共计十三人正在走门串户、鬻歌售艺，个个装扮各异、动作诙谐，带有傀儡和戏曲韵味。为首的一人面部有化妆，相当于节目主持人，其他演员全部戴假面，或

图1-10 〔南宋〕李嵩《观灯图》

咧嘴嘻笑，或单腿跳跃，或假装扑蝶。日本汉学家田仲一成的《中国戏剧史》提及过这幅《灯戏图》，认为它是元宵节迎春追傩行列之图。

元宵节在明代最是拉风。从明成祖朱棣开始，元宵放灯延长为十天，也成就了空前的长假。皇家在宫城里搭起巨型花灯烟火装置，形成盛大的"鳌山灯会"，"听臣民赴午门观鳌山三日"，君臣同乐，俨然明朝版的"春晚"。之所以名为"鳌山"，是因为中国古代有种叫作"鳌"的动物，形如龟，不过比龟大得多，传说中能驮起山来在海上游走。宋时其实已出现叠成鳌形、高峻如山的大型灯彩鳌山灯。

"鳌山灯会"究竟有多盛大？《明宪宗元宵行乐图》里藏着答案。尽管其为佚名宫廷画师所作，却是明宪宗朱见深亲自监督完成的，绘其本人于明成化二十一年庆赏元宵的情形，可谓集艺术、民俗与历史信息于一身的珍贵文化遗产。引首题赞并序凡共四百三十九字，题名为《新年元宵景图》，以洒金笺楷书："上元嘉节，九十春光之始。新正令旦，一年美景之初……灯球巧制，数点银星连地滚。鳌山高设，万松金阙照天明。红光焰射斗牛墟，彩色飘摇银汉表。乐工呈艺，聚观济济多人……"图中，身着盛装的朱见深总共出现了三次，也因而被认为演绎了三幕场景，从右至左主题分别为爆竹声声、宫廷集市和鳌山观灯，将宫中众多场面宏大繁复而又具体入微的文体娱乐活动一一还原。其中，图像化了的鳌山灯棚（图1-11）最是吸睛。这是松柏搭建而成的庞大灯山，中间为拱门。灯山上悬有四排三十四盏灯，

芳节 · 春到人间草木知

图1-11 〔明〕佚名《明宪宗元宵行乐图》局部

加上灯山左右以及拱门下方的七盏灯,共计四十一盏,形制、图案各不相同。中国国家博物馆学者林硕研究发现,灯山第一、第二排之间,竟还穿插挂有吕洞宾、汉钟离、何仙姑等"上洞八仙"图,而第二、第三排之间则悬吊着苏飞、左吴、田由等"淮南八公"图。这十六位仙人犹如驾云而至,向皇帝恭贺佳节如意。图中众多皇子、公主、小宦官提着的彩灯同样琳琅满目,各具吉祥寓意。例如,宝象灯暗藏"太平有象",玉兔灯代表"大展宏图",金蟾灯象征"蟾宫折桂",骏马灯寄寓"马到成功"。如此盛大的场景,难怪令游学京城、亲见鳌山灯会的唐伯虎情不自禁写下:"仙殿深岩号太霞,宝灯高下缀灵槎。沈香连理三珠树,彩结分行四照花。水激葛陂龙化杖,月明缑岭凤随车。"

　　相比《明宪宗元宵行乐图》,另一幅明代元宵名画《上元灯彩图》(图1-12)呈现的灯火阑珊有过之而无不及。此画作者佚名,创作年

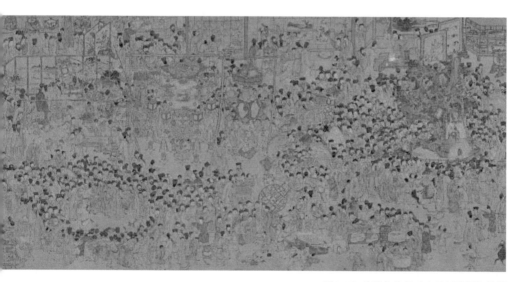

图1-12 〔明〕佚名《上元灯彩图》局部

芳节 · 春到人间草木知

代据学界推测应为明万历至天启年间，定格明代金陵城夫子庙一带的元宵喜乐，两千余个人物跃然纸上。图中商贾云集，店肆林立，街上人头攒动，摩肩接踵；官宦贵人骑马乘轿，伞盖相随；平民百姓三三两两，结伴而行。最具元宵氛围的，自然还是灯。明成祖朱棣从金陵迁都北京之后，热闹的上元灯市习俗在金陵城依然得以保留。这是更市井化也更张扬的闹元宵。画面中央出现了形制巨大的鳌山灯组，由江南造园的太湖石堆成假山形式，"山"上悬有各式彩灯，以民间故事人物形象最为吸睛。其余灯彩数量上百，种类繁多，争奇斗艳，造型、图案包括人像、花卉、植物、飞鸟、鱼虫等。

鉴于大型灯棚极易引发明火，清代紫禁城内不再举办"鳌山灯会"。清宫元宵观灯，观的是作为年节仪物的华丽宫灯，形形色色，通常在春节前夕已布置完成。在描绘雍正圆明园赏灯的《雍正十二月行乐图轴》之"正月观灯"（故宫博物院藏）中，人们能看到图中有盏高高架起的天灯，仿照华表样式，灯架上端一条金龙横穿而过，龙口衔着一只彩灯。

萌

春和景明郁青青
——古画中的春色

　　冬尽春来，万象更新，最一目了然的变化来自目之所及的主色调，由茫茫一片白转为欣欣然的绿。草木萌动，为往昔冬日单调的大地涂抹着绿意。"池塘生春草"（谢灵运《登池上楼》）、"绿草蔓如丝"（谢朓《王孙游》）、"二月初惊见草芽"（韩愈《春雪》）、"草长莺飞二月天"（高鼎《村居》）、"风回小院庭芜绿"（李煜《虞美人·春怨》）、"春阴垂野草青青"（苏舜钦《淮中晚泊犊头》）、"春来江水绿如蓝"（白居易《忆江南》）、"春风又绿江南岸"（王安石《泊船瓜洲》）……历朝历代，多少文人雅士以诗词咏叹过春和景明、郁郁青青的好风光。而这一幕幕美景，古画的"取景框"同样不曾错过。

　　以青绿两色为主的青绿山水，富于光影、体积和空间感，最是与盎然勃发的春色相契。现存最早的山水画卷——故宫博物院藏隋代展子虔《游春图》（图2-1），开创了青绿山水的里程碑，记取的便是那醉人的春光。顾名思义，此图描绘的其实是春日里人们走进山水纵情游玩的场面，只不过画面以自然景色为主，人物点缀其间。春水泛起波光粼粼的涟漪，湖边堤岸有条曲折小径，一直通往幽谷深处；三三两两的游人或骑马，或步行，与山林相融；几处佛寺隐于山坳间，仿佛若有光。画作以矿物制成的石青、石绿颜料为山石树木赋色，形成青绿主调，建筑物和人物、马匹间以红、白诸色，和谐中见变化。值得一提的是，图中春山平江、人马楼阁均因循恰当的比例，不似早期画作《洛神赋图》中那般"人大于山，水不容泛"。另一幅以春天为主题的著名青绿山水，是"元初三杰"之一商琦的《春山图卷》（故宫博物院藏，图2-2）。此图是这位画家唯一存世的署款之作。宽逾两米的尺幅，万物勃发、遍山染翠的春之景象呼之欲出。远景峰峦叠翠，烟笼雾罩；近景丛林杂树，着春染绿；远景、近景之间衬以沙碛古桥，更添空阔苍茫之势；岸上房舍俨然，散落于林木之中，有世外桃源之境。画中光色尤为引人注目，在画家兼艺术评论家韦羲眼中，就这一点而言，此图比王希孟惊世之作《千里江山图》更胜一筹，简直是西洋画。事实上，商琦画过不止一幅春景，除《春山图卷》外至少还有描绘天台山桃源春晓胜境的《桃源春晓图》，有赵孟頫留下的《题商琦桃源春晓图》诗为证："宿云初散青山湿，落红缤纷溪水急。桃花源里得春多，洞口春烟摇绿萝。绿萝摇烟挂绝壁，飞泉淙下三千尺。瑶草离离满涧阿，长松落落凌空碧。鸡鸣犬吠自成村，居人至老不相识。

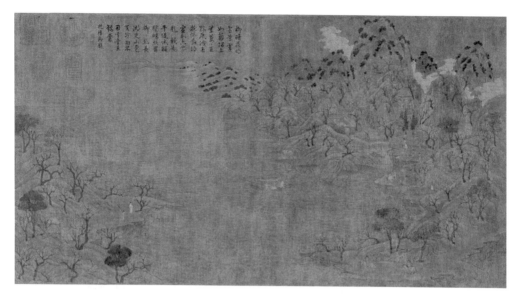

图2-1　〔隋〕展子虔《游春图》

图2-2　〔元〕商琦《春山图卷》

芳节 · 春到人间草木知

瀛洲仙客知仙路，点染丹青寄轻素。何处有山如此图？移家欲往山中住。"可惜此画今人已无缘得见。

素雅的水墨同样可被用以表现春景。相比青绿画法铺展的春景，天地辽阔，以宏大气势取胜，水墨春景更像一幕幕温馨的人间小景，洋溢出可亲的烟火气。"竹外桃花三两枝，春江水暖鸭先知。蒌蒿满地芦芽短，正是河豚欲上时。"苏轼这首赫赫有名的诗，是为画僧惠崇一幅名为《春江晚景》的画所题写的。据说惠崇工画鹅雁鹭鸶，寒汀远渚，独创了一种"惠崇小景"。现藏于故宫博物院的《溪山春晓图》（又名《江南春图》，图2-3），据传出自惠崇，为其小景山水的代表作。归为"小景"，此画其实不小，有着近两米的长度，它所描绘的景色——江南春日平远的山水风光，却一改过去山水画全景构图、高头大卷的样式，烘染清丽，笔意秀润。画中以春水串起崇山叠岭，只见溪岸边水草丰茂，绿树成荫，远处林木影影绰绰，山水与云气融为一片，呈现出温和平淡的境界、春和景明的氛围。

图2-3 〔北宋〕惠崇《溪山春晓图》

拂堤杨柳醉春烟
——古画中的春柳

将春日的镜头拉近，"万条垂下绿丝绦"（贺知章《咏柳》）的杨柳是那抹最显眼的亮色。乍暖还寒时，柳枝已萌出新芽，带来令人欣喜的春的消息。千百年来，春柳引得诗人竞相吟咏，也惹出画家的缕缕情思。

单单新绿垂柳四枝便能透出无限春意。一幅南宋佚名的《垂柳飞絮图》（故宫博物院藏，图2-4），即如此以小见大。此图可谓春柳之特写，新柳袅袅生姿，柳絮似雪飞舞。柳枝用中锋一笔画出；柳叶用细笔勾勒，并填以汁绿；柳絮用白粉信笔点之。图虽为"小品"，却尽显疏密得体，四枝垂柳两两分别从上方垂下、右侧伸出，将画面分割成颇有韵律的四部分。宋宁宗皇后杨氏的题诗"线捻依依绿，金垂袅袅黄"居于图的左上方。

在画中沉浸式赏柳，不妨移步与《垂柳飞絮图》同时代的《西湖

　　　　　　　　　　　　　芳节 · 春到人间草木知

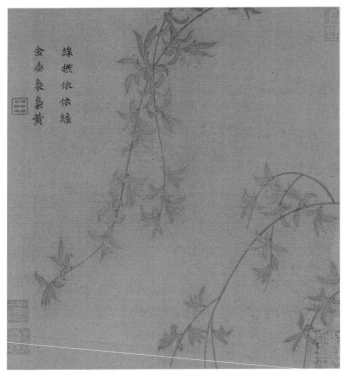

綠撚依依綠
金乘裊裊黃

图2-4 〔南宋〕佚名《垂柳飞絮图》

柳艇图》（"台北故宫博物院"藏）和《山径春行图》（"台北故宫博物院"藏）。在偏安于临安城的南宋，西湖边的拂堤杨柳似乎给了画家们无限灵感。《西湖柳艇图》是南宋宫廷画师夏圭少有的挂轴，笔调沉着含蓄、明丽秀润，缓缓打开西湖湖湾一角的春天。画中可见回环的四层柳堤，与湖水、木桥、屋舍、画舫、篷船等错落相间、穿插点景。烟柳或斜或立，依依成行相列，柳枝笔法劲健，密而不乱。近处的柳梢上还依稀可见迎风招展的酒旗。《山径春行图》则出自与夏圭齐名的南宋宫廷画师马远。此图画有高士携童子漫步于春天江南的山径间，左下占去四分之一画幅的两株柳却分明是"画眼"。它们位于溪旁，抽出新芽的枝丫细细长长，在画面上画出两道优雅的弧线，将画面分割为黄金比例，并引来一对黄莺在枝梢上鸣唱。马远的线条遒劲干练，使他笔下的柳枝格外具有韵味。

丰子恺在《杨柳》中说，杨柳的主要美点，在于下垂，"它长得很快，而且很高；但是越长得高，越垂得低。千万条陌头细柳，条条不忘记根本，常常俯首顾着下面，时时借了春风之力而向处在泥土中的根本拜舞"。或许正因这样的特性，柳成为格外具有亲和力的春日物象。出现在古画中的它，未必是主角，却为画面增添了可近可爱的生气。

例如，明代吴彬的《柳溪钓艇图》扇页（故宫博物院藏），绘树木茂密成荫、水草随风摇曳的江南湖景，被认为是一幅带有真实情节的写生图。图中扁舟破水前行，打破了传统山水画舟与水间"随波逐流"的表现格局，岸边垂下的杨柳枝与扁舟在视线上交汇，最是萌动着盎然春意。在清代沈振麟《柳溪牧马图》扇页（故宫博物院藏）中，六匹于溪水岸边小憩的马儿就造型而言略显滞拙，不过环绕着马儿的垂柳绵绵柔柔，蓬茸得令人心生欢喜，且富有交叠错落的层次变化。

清代"金陵八家"之一的樊圻有幅《柳村渔乐图》卷（图2-5），在古代绘柳的作品中知名度颇高。现藏于故宫博物院的它，曾是收藏大家张伯驹的旧藏。"仿宋人笔墨，垂柳多株，染以重草绿，人物精细"，是张伯驹对此画的评价。画题中的柳村，确有其地，在今河北省境内。《柳村渔乐图》卷是樊圻应朋友梁冶湄之邀所绘，以解其宦游的思乡之情。有意思的是，樊圻作为江南地区的画家，充分发挥想象力，把北方水乡表现得如同江南渔庄一般。画面平远构图，水面开阔，岸边垂柳成荫，房屋掩映在柳树中，含烟带雾，设色清雅。如此浪漫诗意，让人不禁联想起名句"杨柳青青江水平，闻郎江上唱歌声"（刘禹锡《竹枝词》）。

图2-5 〔清〕樊圻《柳村渔乐图》卷

春来处处闻啼鸟

——古画中的春鸟

　　春天，欣欣然的生命力不仅在于草木萌动，还在于鸟雀啼鸣。孟浩然在《春晓》中写道："春眠不觉晓，处处闻啼鸟。"白居易《钱塘湖春行》曰："几处早莺争暖树，谁家新燕啄春泥。"燕子、麻雀、斑鸠、黄莺、喜鹊等，都是活跃于春天的鸟儿，它们叽叽喳喳、翩跹起舞，合奏出迷人的春之交响。

　　如果说杨柳是花草树木中的报春担当，那么燕子便是飞禽走兽中的报春担当。古来在描绘春日的图景中，频频可见燕子的身影。似剪刀的燕，翅膀和尾翼有着尖尖角，形式感极强，为画面增添着春的灵动。

　　其中，燕子叠加柳树，形成了一种为人们喜闻乐见的"固定搭配"，最能描摹人们理想中的春色。传为南宋毛益所作的《柳燕图》（美国弗利尔美术馆藏），用南宋经典的"半边"式构图法绘初春之景。画中可见湖水荡漾，右侧岸边柳树抽出新芽，枝丫随风飘动，几只燕子呢喃于枝头，左侧则有大量的留白，唯有一只飞燕点缀。元末画家盛昌年的《柳燕图》（故宫博物院藏，图2-6），作为元代花鸟画典范之作，见载于许多重要的画史著作中。竖构图的此画着墨不多，仅以分五色的墨线尽显淋漓的韵律感——细嫩的柳枝倒垂，枝叶稀疏，临风摇曳，一双燕子翻飞其间，灵动鲜活，遥相呼应。画面极具风动摇曳之境，仿佛让人能感受到拂面的微风。表现春风中群燕嬉戏的小品画——任伯年的《风柳群燕图》轴（故宫博物院藏），洋溢着融融暖意。此图隐含的创作主题其实是"风"，画家以燕与柳之实衬托出虚缈、抽象的风。小燕振翅翻飞的动态和柳叶飘舞张扬的形状被表现得既具象又生动，令风有了可视的形象，从构思到笔墨都反映了任伯年在绘画创作成熟期的精湛艺术水准。

不知在古人的日常生活中，锦鸡的出镜率如何，但至少在古画所表现的春日之美中，少不了美得耀眼的锦鸡。对于这一名中带有"鸡"字实为鸟类的物种，今天的人们或许有些陌生。在古代，它却尊享着"国民团宠"的地位，可谓祥瑞之鸟，也为高贵、典雅的象征，甚至被视为凤凰的原型。中国最早的鸟类文献，春秋时期所著的《禽经》记载："腹有采文曰锦鸡。状如鸠鸽，膺（胸部）前五色如孔雀羽。出南诏越山中，岁采捕之，为王冠服之饰。"红腹锦鸡尤为中国所特有，其头顶金冠，身披彩羽，长尾拖身后，阳光照

图2-6 〔元〕盛昌年《柳燕图》

• 春到人间草木知

耀下，羽毛格外耀眼，遂得名"金鸡"。如此"高颜值"，爱美的画家们自然不会错过。

"桃竹锦鸡"即为古代围绕锦鸡的一个著名"画题"。据宋徽宗主持的《宣和画谱》记载，五代时期著名的花鸟画家黄筌就画过两幅"桃竹锦鸡"。北宋有宣和画院册页《桃竹锦鸡图》流传于世，今为私人收藏。此画被古书画研究专家刘九洲认为出自南宋绘画大师马远的曾祖父马贲。尺幅仅二十厘米见方，格局却俨然大画。占据主要画面的，是一对锦鸡，一只昂首踞于石上，另一只俯身石下啄地，长长的羽毛在画面上画出一道显眼的对角线。桃花、翠竹、流水、燕子环绕着锦鸡展开，不仅缤纷着春日丽景，还处处彰显富贵吉祥的寓意——据说这是千年前皇家婚礼用画的样稿。元代花鸟画大家王渊以墨代色，兼工带写，也画过《桃竹锦鸡图》（故宫博物院藏）。画中亦绘有两只锦鸡，一只栖息于画幅正中的太湖石上，悠闲地梳理着胸前的羽毛，另一只则半藏于太湖石的后方，昂首凝神。两只锦鸡侧上方的竹叶与桃花间杂生长，远处溪水潺潺。画家以水墨皴擦、晕染、粗细笔并用，行笔稳健而不乏洒脱，富于变化的水墨层次让画面颇有透明感，最妙之处在于全图不着一色，已俱见典雅端丽。

若论画出锦鸡的富贵气，岂可不提郎世宁的《锦春图》（"台北故宫博物院"藏，图2-7）？郎世宁有"清宫里的达芬奇"之称，他的独特画法自带雍容华贵的复古滤镜，往往设色浓艳鲜丽，充分发挥欧

图2-7 〔清〕郎世宁《锦春图》

芳节 • 春到人间草木知

洲绘画注重明暗及立体的特点，以工致细腻的笔触，刻画出花瓣、叶片以及鸟雀的羽毛质感和体积感。在《锦春图》中，郎世宁将两只富有吉祥寓意的锦鸡置于中国传统水墨笔法的花卉奇石景致中，栩栩如生、悠闲自得之态传达吉祥之气。图中的锦鸡头顶金冠，颈为橙黄色，背部为金绿色，腹为朱红色，长尾呈现淡褐色，五行色皆有，寓意前程似锦。这样的春天，不是现实生活中的春天，而是凝练着人们种种美好祝愿的春天、意象的春天。

古画里的春天，鸟儿简直百搭。日本私人收藏的宋徽宗《桃鸠图》

图2-8 〔北宋〕赵佶《桃鸠图》

（图2-8）属富丽精工之风格，选择以两枝桃花衬绿背金鸠，鸟儿缩颈蹲踞，尾羽下垂，春天的宁静就藏在这安然的神态中。上海博物馆收藏的明代唐寅《春雨鸣禽图》，以纯水墨写意法塑造了淅沥春雨下一只嬉戏枝头、昂首鸣春的八哥，树身以飞白写出，盘藤用水墨阔笔，画面浓淡相宜，神韵飞扬。清代宫廷画家余穉深受郎世宁的影响，画风细腻写实，其藏于天津博物馆的十二开《花鸟图册》中有幅画的是"玉兰双雀"，设色艳丽，笔法工整，只见一株盛开的玉兰花皎洁莹润，两只雀鸟登枝观赏，有着院体特有的富丽华贵。

万紫千红总是春
——古画中的春花

　　俗语云："花木管时令，鸟鸣报农时。"花开花落，因循时序流转，呈现出不同的花信与花期。春天里，随着春风解冻，春意渐暖，一时间百花竞放，群芳争艳，可谓开启花的盛宴，应了"春色满园关不住"（叶绍翁《游园不值》）、"万紫千红总是春"（朱熹《春日》）等名句。

　　桃花灼灼，最是惊艳了一整个春天的那抹红。"阳气初惊蛰，韶光大地周。桃花开蜀锦，鹰老化春鸠。"从唐代诗人元稹的《惊蛰二月节》中可见，惊蛰前后，桃花始开。"东风著意，先上小桃枝"（韩元吉《六州歌头·东风著意》），若说春分三色，桃花便占尽了一分。这样一种花不仅常见于现实世界的春天，自古以来也在文人、墨客的审美世界里占据了独特的地位。

　　一树夭夭的桃花下，一对鸳鸯栖于岸边，一只伏卧于地舔舐着羽毛，一只立于身旁与其凝视，含着暖亦含着爱的这一幕，正是南宋佚名《桃花鸳鸯图》（南京博物院藏，图3-1）所描绘的，似为五代词人韦庄《菩萨蛮·洛阳城里春光好》中的"桃花春水渌，水上鸳鸯浴"给出图释。宋代的花鸟画，无愧于中华审美之高峰，在形与色的传神写照中，唤起观者对自然的亲近。单看画面上部旁逸斜出的桃花数枝，每一瓣都有着里外、冷暖的渐次变化、明暗过渡，让人仿佛可以伸手采摘，却又不忍采摘。

图3-1 〔南宋〕佚名《桃花鸳鸯图》

　　擅长甜美风的清代"没骨法"第一高人恽寿平，其笔下的桃花甚为润眼悦目。现身于2015年北京保利春拍的《武陵春色》（图3-2）就是他画桃花的佳作。画中以折枝画法绘两枝桃干由画幅右边自外向内杂错伸入，满枝桃花俯仰各异，错落有致，或全然盛开，或掩遮半边，或含苞待放，仅以芳菲满纸便让人想象满山的武陵春色。恽寿平的"没骨法"是颇有特色的粉笔带脂点染法，很是温柔，往往能画出世间万物本原的美，用逸宕、秀雅之笔一改院体画刻板、绮靡之气。

芳菲·春到人间草木知

图3-2 〔清〕恽寿平《武陵春色图》

深山溪畔透出的点点桃红，也在王翚的《桃花渔艇》（"台北故宫博物院"藏）中。此图画溪岸夹桃，落英缤纷，一渔舟沿溪行来，山峦层叠，绿树苍翠，白云涌起，水际空灵。全图以青绿设色，布墨施绿，桃花占去的画幅虽然不多，却定然成为画眼——画面中春的气息在很大程度上就来自这抹顺着山溪自左上方斜流而下、沁人心脾的桃红，并与右侧上方的云烟浩渺交融出深远的意境。

娇艳的桃花为俗世的春天代言，清丽的杏花则尤为江南其实也是人们心中的春天代言。朱淑真咏叹杏花："浅注胭脂剪绛绡，独将妖艳冠花曹。春心自得东君意，远胜玄都观里桃。"此花开得比桃花略早，与桃花分别占去农历二月、三月之花神席位，亦可见这两种花对于春天的意味。

"台北故宫博物院"所藏南宋马远的《倚云仙杏》（图3-3），以标志性"马一角"画法绘一枝轻灵润秀的杏花，留下了对于此花的直观写真。折枝由左侧斜出，至末梢上下分叉，折转伸展。花朵或含苞吐蕊，或怒放争胜，能让人窥见其多为五瓣的圆形花瓣形态，白里透出红润的色泽。图像与上方杨皇后题写的

图3-3 〔南宋〕马远《倚云仙杏》

芳节 · 春到人间草木知

"迎风呈巧媚，浥露逞红妍"参差对照，丰满着人们对于杏花的印象。

　　无论是陆游的"小楼一夜听春雨，深巷明朝卖杏花"、诗僧志南的"沾衣欲湿杏花雨，吹面不寒杨柳风"，还是晏殊的"风吹梅蕊闹，雨细杏花香"、孔尚任的"杏花时节多风雨，那得春光与扇同"，无不道出最经典的春日意象——杏花微雨，那是属于雨后江南的幽美婉约。清代王翚画过一幅《杏花春雨江南》，藏于辽宁省博物馆。画中一派雨后春光明媚的江南山村景致：层峦叠嶂于雾霭之中，若隐若现；村舍沿着蜿蜒而上的山野小径错落分布，极目远眺，视野开阔；渔船泛波湖上；杏花以淡紫色点缀，与繁茂的树木交叠出春日的生机。

　　紧随杏花、桃花而开的春花，梨花颇有代表性。春分之后，梨花渐次开放，清明时节开得尤盛，所谓"梨花风起正清明"。这是一种既纯净至极，又绚烂至极的花，浅素嫩白，成簇开放，盛时如雪，大有"占断天下白，压尽人间花"的气势。陆游在《梨花》中以"粉淡香清自一家，未容桃李占年华"一句点出梨花独一无二的美。白居易《长恨歌》笔下的"玉容寂寞泪阑干，梨花一枝春带雨"，则令梨花的楚楚动人深入人心。"台北故宫博物院"藏有清代邹一桂的《画梨花夜月》轴（图3-4），可谓画出了梨花的魂。画中采撷的一大枝梨花，似一树月光白，恰到好处地抓住了梨花成簇的特征，枝梢布叶生花，布局得当，造型生动，设色清丽，花树的一轮明月，更衬托出梨花的清明之姿。

　　春日花事，亦少不了海棠的身影。有着繁多种类的海棠，花朵形

图3-4 〔清〕邹一桂《画梨花夜月》

• 春到人间草木知

似伞，开得明媚动人。《红楼梦》以花喻人，对应海棠花的是史湘云，可见此花的娇憨可爱、天真率性。陆游有诗云海棠："虽艳无俗姿，太皇真富贵。"苏东坡亦为此花倾倒，留下名句："只恐夜深花睡去，故烧高烛照红妆。"古人对于海棠的钟爱，不仅源于其外在形态之美，也源于内在寓意之吉。"海棠"中的"海"字，意味着大、多，"棠"谐音"堂"，有满堂、满庭之意，寓意满堂富贵、儿孙满堂、满堂生春，因而民间往往称海棠花为"富贵花"。在乍起的春风中，海棠花枝招展的动感瞬间，被故宫博物院所藏宋人《海棠蛱蝶图》页（图3-5）记写下来。图绘阳春三月，蛱蝶翩翩起舞于海棠花枝间。只见花朵偃仰

图3-5 〔宋〕佚名《海棠蛱蝶图》页

向背，叶片翻卷辗转，枝干呈 S 形曲张之态。有形的花叶背后，醉人的春风和隽永的春意是能给人无尽遐想的。明代花鸟画大师陈淳的儿子陈栝有幅《海棠》轴，绘的是庭院里的一树海棠花，前侧绘太湖石青绿点苔，海棠花木自湖石后向上自由伸展，花朵或含苞待放，或灿然盛开，将其父笔迹放纵的写意画法又向前推进一步。

在"春色正中分"的春分时节，最应时的花有三种，前述的梨花与海棠占去其二，第三种便是玉兰。玉兰古称木兰，"色白微碧、香味似兰"，往往叶未长而花先发，如舞裙或高脚杯般盛开的花朵较寻常花儿更为壮观。屈原在《离骚》中以"朝饮木兰之坠露兮，夕餐秋菊之落英"将木兰与诗人坚贞高洁的人格联系在一起。时至宋代，以木兰为名形成了固定的词牌名，如"木兰花令""木兰花慢""减字木兰花"。到了清代，人们更倚重"玉兰"其名中"玉"与"裕"的谐音，将其视为荣华富贵、吉祥如意的象征。

"明四家"之一的文徵明可谓玉兰的铁杆粉丝。他不仅在家中设有玉兰堂，刻有"玉兰堂"的印章，还留下过著名的《咏玉兰》："绰约新妆玉有辉，素娥千队雪成围，我知姑射真仙子，天遣霓裳试羽衣。影落空阶初月冷，香生别院晚风微。玉环飞燕无相敌，笑比江梅不恨肥。"若要挑选一幅画为玉兰代言，此画当为现藏于美国大都会艺术博物馆的文徵明《玉兰图》卷（图 3-6）。图绘白玉兰花一主枝，右侧花压枝头，枝干自然弯曲，枝上花朵相继开放，共有二三十之多，或

芳华 · 春到人间草木知

图3-6 〔明〕文徵明《玉兰图》卷

绽放，或含苞，纯白无瑕，色美若仙。做客无锡好友华云家中，文徵明一日庭院漫步，突然闻到沁人心脾的花香，窥见玉兰"试花"，芳香可爱，故有此作。所谓"试花"，是以拟人用法的"试着开花"，指的是其将绽未绽的模样。论及对于自然草木细腻入微的刻画，文徵明未及宋代画院的写生圣手以及清代融汇中西方画法的宫廷画师；论及花鸟画视觉上的石破天惊，文徵明也未及陈洪绶、八大山人或是陈淳、徐渭，但他以工笔和写意相结合的疏淡笔触，将平淡的美学趣味、温柔质朴的生活情怀发挥到极致，也让作品具有了跨越时空的魅力。

"谷雨三朝看牡丹。"谷雨前后，牡丹花开得尤盛，因而也被称为"谷雨花"。对于这一艳冠群芳、端庄富丽的花卉，古来文人墨客从不吝惜赞美。白居易形容它："绝代只西子，众芳惟牡丹"；刘禹锡称许它："唯有牡丹真国色，花开时节动京城。"而在历史悠久的牡丹文化中，同样少不了古画的身影。

"台北故宫博物院"藏的一幅《画牡丹》轴，据传出自有"古代画家写生第一人"之称的宋代画家赵昌。有别于很多宋画中的花鸟以特写镜头展开写真，这幅牡丹撷取的是一幕春意盎然的中景，淡粉、浅白的牡丹花从湖石后竞相窜出，多达十来朵，铺满过半画面，石下穿插有鸢尾、兰草、灵芝。此画敷色平滑、明润匀薄，与当时盛行的重彩厚色亦不相同。这或许与赵昌户外写生、当场描绘的绘画方式有关。范镇《东斋记事》记载：赵昌"每晨露下时，绕槛谛玩，手中调彩色写之"。

历朝历代太多画家描绘过牡丹，有一人却不得不提，那便是明代画家徐渭。徐渭的大笔写意牡丹前无古人，他也的确留下过不少画牡丹的佳作，例如，故宫博物院藏有的《水墨牡丹图》轴（图3-7）。三四枝牡丹

图3-7 〔明〕徐渭
《水墨牡丹图》轴

芳节 · 春到人间草木知

从画面右下方伸展开来，以泼墨代色彩，无论花头及叶皆大笔点染而成，牡丹花头用蘸墨法点花瓣，内端深外端浅，仅枝茎及叶脉用线条画出。这样的牡丹不着一色，却自有富贵庄严之相、劲骨刚心之感，正画出了牡丹的脱俗一面，如徐渭自己曾写下的"从来国色无妆点，空染胭脂媚俗人"，颠覆着人们既往的印象。

丰年不叹负春耕

——古画中的春耕

　　春光，自古就被引申为"美好时光"的代名词。越是春光无限好，人们越是意识到须只争朝夕，不负春光。俗话说"一年之计在于春"，在农业占据主导地位的中国古代社会，人们春天欲争的头等大事，便是耕种。这直接关乎一整年的收成，也是彼时最重要的幸福指数。而作为四时之首的春季，意味着农耕的开始。

　　立春之时往往有"鞭春"（又名"打春"）的习俗，鞭策的是牛，更是人，意在提醒，农闲已过，春天已至，应不违农时，及时准备耕作、播种谷物。清代画家黄钺有十二幅一套的《画龢丰协象》册，现藏于"台北故宫博物院"，其中一幅画的正是清代农家的立春民俗"土牛鞭春"。画中敲锣打鼓，好不热闹，八人抬着土牛，一人坐轿跟随在后，村人扶老携幼竞相前来瞧个究竟。鞭春的习俗可以追溯至两三千年前。《事物纪原》记载："周公始制立春土牛，盖出土牛以示农耕早

芳节 · 春到人间草木知

晚。"在宋代,每年立春前,各地官府都会用黄土塑春牛,将其送进宫。立春当日,春官将泥塑的春牛打碎,颁布春耕令,以示一年农事的开始。到了清代,"鞭春"演变为全民参与的重要民俗活动。民间也要制作春牛、鞭打春牛。老百姓还往往乐于拾取打碎的春牛土以及牛肚子里装着的五谷杂粮,祈求这一年的丰收年景。

因为农事与老百姓的紧密关联,"鞭春"成为传统年画中的重要母题。其中,绵竹市博物馆收藏的一幅国宝级年画《迎春图》(图3-8),最是如实刻画鞭春的盛景。这是晚清绵竹年画大师黄瑞鹄受绵竹富商杜敬成邀请,花费半年时间完成的。此图以连环组画形式构成,采用

图3-8　绵竹年画《迎春图》局部

民间传统的工笔重彩和浅描勾勒之技法，分迎春、游春、台戏、鞭春，描绘清末绵竹县城迎春盛会的场景，具体而真实地描绘了四百六十多个不同年龄、身份、穿着打扮的人物形象。图中可见官府的鞭春仪式派头十足，四位官吏正拿着棍棒鞭打着置于高台上的大型泥塑春牛，牛腹已被击碎，掉落一只只小牛的模型。

二十四节气里，藏着农耕的密码，其中春天踏准步子，对于一年的收成事半功倍。清人王文清在《区田农话》中写道："春耕之始，必在雨水节前"，提醒人们要让庄稼切实享受到春雨的滋润，最好在雨水前后完成播种植栽；民谚有"惊蛰节到闻雷声，震醒蛰伏越冬虫"，提醒人们惊蛰时节泥土中的爬虫复苏，应当进行春翻、施肥、灭虫与造林；俗语云"春分麦起身，肥水要紧跟"，提醒人们春分前后小麦进入拔节阶段，此时要抓紧春灌。"布谷飞飞劝早耕，春锄扑扑趁春晴。千层石树遥行路，一带山田放水声。"清代诗人姚鼐的《山行》，正是为人们描述出一幅幅热情高涨的春耕画面。而这样的画面，也频频为古画所记载。毕竟民以食为天，无论画像砖、壁画还是宫廷画、文人画，都在这个题材上找到了"最大公约数"。农耕文化由此获得诗性表达，也给人们了解古代的民风、民俗留下了线索。

建于盛唐的莫高窟第二十三窟，北壁有幅《雨中春耕图》，描绘出唐代的农耕生活。画中依稀可见两位农夫和一头耕牛，一位挑着扁担，似在匆忙赶路；另一位挥着鞭子，投向前方的耕牛。天上乌云翻卷，雨点串成线落下，落到农夫和耕牛的身上，也落到绿绿的田埂里。这是颇具生活气息的春日画面。

"耕织图"自南宋以来更是形成中国绘画史、科技史、农业史、艺术史中的一个独特现象，并且，不少是在帝王授意下完成的，尽显封建统治者对于春耕的重视程度。其源流始于南宋初期於潜县令楼璹绘制的《耕织图》。这是中国农桑生产最早的成套图像资料，以诗配画，共四十五幅，其中耕图二十一幅，系统描绘了粮食生产从浸种到入仓的具体操作过程，亦开启劝农的新方式。这些图像无不浸润着楼璹长期拜访农家、观察体验农业生产的一手资料，为研究彼时的农业生产留下不少无法从文字资料中获得的珍贵信息。例如，《灌溉》《一耘》图绘出当时使用戽斗、桔槔和龙骨车抽水灌田的情景。可惜这套原图已不复存在，仅留多种摹本。

楼璹将这套《耕织图》呈献给宋高宗，深得赞赏，一时朝野传诵，从而使"耕织图"此后不断涌现，如《宋人蚕织图》卷、南宋刘松年编绘的《耕获图》、元代《程棨摹楼璹耕织图》卷等。康熙皇帝曾命内廷供奉焦秉贞绘制一套《御制耕织图》，由当时善于雕刻的朱圭进行雕版，得以流传至今并成为中国古代版画史上的经典。康熙亲自题序，并为每幅图制诗一章。此套耕织图与楼璹版布景和人物活动大同小异，但焦秉贞笔下的风俗为清代，绘法更为工细纤丽，在技法上还参用了西洋焦点透视法。就耕图而言，还增加了"初秧""祭神"二图。雍

正皇帝更是直接化身农夫，钻进《雍正耕织图》（故宫博物院藏，图3-9），全然不在乎画师给自己安排的各种农活。此套耕织图也成为古往今来同类主题画中极少数可以找到画中人物具体名姓的例子。有意思的是，这倒恰能与史实形成某种对应——明清两代，帝王们春日须亲力耕犁，以示劝农劝稼、祈求年丰之意，谓之亲耕。

　　田园牧歌般的春耕题材，同样也为画家找到了心中的桃花源。元代王蒙画过《谷口春耕图》（又名《黄鹤草堂图》），现藏于"台北故宫

图3-9　〔清〕佚名《雍正耕织图册》之《耕第一图　浸种》

　　　　　　　　　　　　　　　　　　　　　　　　　芳节 · 春到人间草木知

博物院"，画的是他当年隐居黄鹤山中于谷口耕田读书的情景，茅屋、山泉、松林、农田等一派悠然。浙江省博物馆所藏戴进的《春耕图》（图3-10）中，直接以农人扶犁扬鞭、叱牛春耕之景入画。只见水暖风轻、桃红柳绿，画中从坐于树下休憩的男子，到田间弓背的老人，再到送茶饭的孩童，乃至两头耕牛，无不极具生活情趣。

图3-10 〔明〕戴进《春耕图》

游

游子寻春半出城
——古画中的春游

　　春天，风和日丽，轻暖轻寒，正是外出踏青的好时节。西湖春行过后，白居易留下大名鼎鼎的《钱塘湖春行》："孤山寺北贾亭西，水面初平云脚低。几处早莺争暖树，谁家新燕啄春泥。乱花渐欲迷人眼，浅草才能没马蹄。最爱湖东行不足，绿杨阴里白沙堤。"即便春日游园看花不巧没能进门，叶绍翁依然为春日气息所感染，《游园不值》中的名句"春色满园关不住，一枝红杏出墙来"，给了多少人关于春日的美好遐想。古画中的春游，则与文人墨客的咏叹互为补充，为人们一窥源远流长的春游文化提供了更多可能。

　　大名鼎鼎的唐代画家张萱《虢国夫人游春图》（现存宋摹本藏于辽宁省博物馆，图4-1），再现杨玉环的三姊虢国夫人及其眷从盛装出游，不著背景，其实并未直观揭示迷人春色。不过画卷以湿笔突出人物的斑斑草色，营造出空濛清新的意境，倒是让观者对画中人所处的

图4-1 〔唐〕张萱《虢国夫人游春图》

春景有了无尽遐想。与之有异曲同工之妙的，是表现贵族官员踏青而归的宋佚名《春游晚归图》（"台北故宫博物院"藏，图4-2）。图中，一位贵族官员骑马踏青回府，前后簇拥着九位侍从，或搬椅，或扛几，或挑担，或牵马，阵仗不可谓不华丽。行道两旁柳林成浪，画面右上尽头可见宫城巍峨。画中人究竟赏的是何等好春光人们不得而知，骑马者持鞭回首、仿佛意犹未尽的神情，让观者得以想象游春盛景。

明代周臣的《春山游骑图轴》（故宫博物院藏），是传统的春山行旅题材，集春景与游春于一轴。远处是险峻陡峭的高山石崖，楼阁房舍掩映其间，近景是山溪湍流，春花几树，主仆一行三人正在过桥。画面构图繁复而不失明旷，雄中寓秀，密中呈疏，设色清妍，笔意流畅。这番文人气息、儒雅情怀，到底出自唐寅与仇英的老师！传为明代戴进（一说为郑文林）所作的《春酣图》（"台北故宫博物院"藏，

图4-2 〔宋〕佚名《春游晚归图》

图4-3），尺幅巨大，乍一看构图与前述《春山游骑图轴》有些类似，下半部分却显然更具俚俗的市井趣味。画面描绘了春日郊外村民举行祭祀宴饮、醉酒而归的情景。画中高耸入云的主山将画面上半部分一分为二，应和春游主题的一幕幕戏剧上演于松树、山径、溪水等切割而成的画面若干空间里。例如，左下的山道上，行人络绎不绝，神色各异，有人在马背上颤颤巍巍，显然是游春尽兴喝得有些醉了，其身旁的童仆面面相觑，似有难色；右下，两只小舟夹一竹筏停靠于河边，前舟之上有位老翁把酒正饮，对面妇人持壶待斟，邻舟则有一大汉盘坐船头，正回身看向一旁在炉边忙碌的妇人。学界认为此图之妙，尤

芳节·春到人间草木知

在人物形态的描绘，衣褶线条行笔顿挫、劲健洒脱、动感非凡，展现出民间百姓春日的欢乐氛围。以扇页形式呈现的明代画家丁云鹏《春游图》（故宫博物院藏），则是明媚可人的游春小景。图绘桃花盛开时节两位女子赏花游春。仕女以工细的笔法勾描，表现出轻盈的体态；山石、树木以淡雅的青绿色晕染，有着与仕女端庄文雅气质相契合的温润色调。如此游春，不免让人心向往之。

图4-3 〔明〕戴进《春酣图》

曲水自流寒食酒
——古画中的春日雅集

　　春日，文人出游往往伴随着一种名为"曲水流觞"的饮宴娱乐、诗酒唱酬形式。它源于农历三月初三上巳节，当天人们临水除垢、被除不祥之后，坐在水边，任上流放置的酒杯顺流而下，停在谁的面前，谁就取杯饮酒，即兴赋诗。曹操的孙子魏明帝曹叡曾在洛阳天渊池南侧，用一块巨石在其上雕凿出盘曲的水道，引水流觞，观宴作乐。到了南北朝时期，"曲水流觞"已成为相当普遍的雅事。

　　被后世推为"天下第一行书"的《兰亭集序》便记载了历史上最为著名的"曲水流觞"。那是东晋永和九年，时任会稽内史的右军将军、大书法家王羲之召集了一场兰亭雅集，偕同高官名士、家族子弟共四十二人，"引以为流觞曲水，列坐其次"，饮酒作诗，其乐融融。历代画家根据自己对《兰亭集序》的理解，画过不同视角的兰亭雅集，形成传统人物画重要的母题，亦留下不少名作。

北宋李公麟《兰亭修禊图》是已知最早的此类画作。中国国家图书馆藏有其清乾隆年间的拓本，可见以临溪亭榭为始，与会者列坐于曲水两岸，旁有榜题录出名衔与所赋诗文。吴门一派深受老庄守静不争处世哲学的影响，与晋人之思想相吻合，不少画家都热衷于表现东晋文人兰亭修禊场景，充满古淡意趣。文徵明曾以兰亭雅集为题创作了多件手卷绘画，其中以收藏于故宫博物院的金笺设色《兰亭修禊图》卷（图4-4）最负盛名。这是文徵明七十三岁时用青绿山水技法所绘的。画中崇山峻岭，溪流从远处汩汩而来，蜿蜒曲折，会于兰亭。林木荫翳，丛竹泛翠，春色浓得醉人。八位文士分坐于溪畔，注视着山光水色间淙淙溪水送来的酒觞，潜心构思。临水的亭榭上，三人围桌闲谈，似在评点已写毕的诗文。人物虽小，衣纹、眉目简略，数根线

图4-4　〔明〕文徵明《兰亭修禊图卷》

条便勾勒出潇洒的身形，姿态各异。文徵明弟子钱贡有幅4.6米长的《兰亭雅集图卷》现藏于美国大都会艺术博物馆，不画连绵的高山，亦未聚焦曲水流觞的形式本身，而是将视角放在文人雅集之上，着重表现魏晋时期士人优雅的情怀。

自曲水流觞的传统起，文人雅集成为春日中国独特的传统人文景观。约三五知己，纵情山水，饮酒品茗，吟诗作赋，书画遣兴，丝竹弦歌……如是一幕幕，诠释的都是古中国人优雅的生活方式。

唐代诗人白居易以《九老图诗序》记述的"九老会"，亦是一次发生在春天的著名雅集。唐武宗会昌五年（845）三月某日，退居洛阳的白居易与胡杲、吉旼、郑据、刘真、卢贞、张浑及李元爽、僧如满等总计九位年过古稀的老人，相约龙门之东的香山庆老祝寿，把酒赋诗，并请来画师绘制《九老图》。此画早已消失在历史的烟尘中，而借由明代画家谢环的代表作《香山九老图》（美国克利夫兰美术馆藏），我们似乎还能遥想当年的风雅。贯穿长约1.5米长卷的主线，是一条宽宽的石径。画面中央的楼榭成为画面焦点，可见室内四老在围桌观画，其中一位身着红袍，似乎身份格外显赫。楼榭之外，瑞松摇曳，山花绽放，祥鹤唳鸣，环境清幽，其余几老散见其间，悠然自得。有意思的是，谢环还曾用画笔为其同时代的一场春日雅集以画留影。此画便是他的另一代表作《杏园雅集图卷》（镇江市博物馆、美国大都会博物馆各藏一幅）。这场雅集选在正统二年（1437）三月初一，台阁重臣杨荣、杨士奇、杨溥及其他七位文官聚会于杨荣府邸杏园，其中就包括画家本人。现存的两幅构图极为相似，宾主分明，聚散合宜，以工细的笔法绘衣纹挺拔、色彩鲜艳的人物群像，但细节仍有多处不同。或许是因如明代李东阳在《书杏园雅集图卷后》所述，当时可能与会众人"人手一册"。

中国历史上媲美兰亭雅集的西园雅集究竟是否发生在春天，已无从得知，然而其如春风拂面般的闲适气质确与春天极为适配。西园雅集发生在北宋元祐二三年间，身为驸马都尉的画家王诜在自家的西园举办了一场聚会，苏轼、苏辙、黄庭坚、秦观、米芾、蔡襄、李公麟等十六人的阵容，无愧于"北宋文艺天团"。这场雅集因李公麟的《西园雅集图》而流芳百世，可惜经末代皇帝溥仪私自携带出宫，尔后不知踪迹。据说它以写实的方式描绘了众多文人雅士的聚会情景，松桧梧竹，小桥流水，集园林之胜，画中人或挥毫用墨，或吟诗赋词，或抚琴唱和，或打坐问禅。

据美国学者梁庄爱伦考察，已知的《西园雅集图》多达八十八幅。传为南宋马远所作的《西园雅集图》（美国纳尔逊艺术博物馆藏），是现存最早的一幅。此图参照了米芾当年给李公麟《西园雅集图》写的题记，很好地还原了文中所述的"松翠如云，风竹相吞，溪水潺湲，山石森森"。画中，众人围在大画桌之前，观看画者作画，或赞许，或品鉴，或顾左右而言他，小儿则穿行其间、嬉戏玩耍，沉浸在自己的快乐中。故事虽取自北宋晚期西园雅集，更多体现的已是南宋文人真实的雅集情形了。长达3.28米的石涛《西园雅集图》（上海博物馆藏，图4-5）是这位艺术家罕见的剧迹。此图布局严密、繁而不乱、密而不塞，将诸多不同人物、树木、山石、草木、花木及一些陈设巧妙融于一卷，以精妙的空间分割和接续，再现了宋人《西园雅集图》的画境和诗意，更呈现了画者心目中理想的精神家园。

图4-5 〔清〕石涛《西园雅集图》（局部）

　　芳菲·春到人间草木知

忙趁东风放纸鸢
——古画中的春日嬉戏

春天，惠风和畅。出游聚会之外，还有很多"春日限定"的户外游乐活动。

放风筝便是春日老少咸宜的国民活动。风筝，又名纸鸢，它最早是一种军事用具，唐代开始演变为深受人们喜爱的一种娱乐消遣。关于儿童放纸鸢的情形，唐代元稹《有鸟》留下生动描写："有鸟有鸟群纸鸢，因风假势童子牵。"更为人熟知的是清代高鼎《村居》的那句："儿童散学归来早，忙趁东风放纸鸢。"清明时节放风筝尤其成为遍及南北的娱乐传统。古人认为，清明放风筝可以放走晦气。把风筝放上蓝天后，便剪断牵线，让它随风飘逝，据说这样能除病消灾，给自己带来好运。清代潘荣陛所著的风俗志《帝京岁时纪胜》记载："清明扫墓，倾城男女各携纸鸢线轴，祭扫毕，即于坟前施放较胜。"

晚清画家倪田有一幅意境清新而富野趣的《牛背风鸢》（天津博物

馆藏），图绘一位少年骑在水牛背上放风筝的情景。整幅图为竖构图，天高云淡，少年手中的风筝线拉得长长的，溪岸边的草长莺飞，洋溢着春日气息。杨柳青年画中有相当经典的《十美图放风筝》（图4-6），中国美术馆即藏有一幅创作于清代道光年间的。画中，风和日丽，柳绿花红，只见青青河边，有主仆共计十二位美人正放着风筝，一片舒心祥和的景象。她们的衣裳色彩、款式各美其美，以不同的神情、动作牵着风筝线。最引人瞩目的还是形形色色不重样的风筝本身，包括五福临门、八仙过海、西天取经、帆船、风车、宝马、蝴蝶、蝙蝠、蜈蚣等形象，涵盖人物、禽类、动物、交通工具等题材；从骨架形式

图4-6 杨柳青年画《十美图放风筝》

　春到人间草木知

上区分，则有硬翅、软翅、拍子、串类等。此图鲜活地诠释了清末广泛流行的同名时调小曲，将姑娘们放风筝的动态行为生动地呈现于纸上。

创"大写意花鸟"画风的徐渭对风筝情有独钟。其晚年以"风鸢"为主题画了不少作品，还曾一口气作相关题诗近三十首。这类作品往往带有自传性色彩，寥寥数笔，重神韵和情趣，却是一种"沉重的墨戏"，题诗如"柳条搓线絮搓绵，搓够千寻放纸鸢。消得春风多少力，带将儿辈上青天"，寄寓着对于人世浮沉的感悟。

荡秋千也是春日尤其清明时节的习俗。宋代李清照写下的"蹴罢秋千，起来慵整纤纤手"，勾勒出春日早晨少女荡秋千后的娇俏、慵懒神态。秋千，意即揪着皮绳而迁移。古时的秋千多用树丫枝为架，再拴上彩带制成，日后发展为用两根绳索加上踏板。与放风筝类似，清明荡秋千同样有着为了祛除疾病的寓意，并且被认为能够强身健体以及培养勇毅精神。五代王仁裕《开元天宝遗事》记载："天宝宫中至寒食节竟竖秋千，令宫嫔辈戏笑以为宴乐。帝呼为半仙之戏，都中士民因而呼之。"元、明、清三代甚至把清明节定为秋千节。

"明四家"之一仇英的杰作《汉宫春晓图》（"台北故宫博物院"藏），描绘春日晨曦里宫廷中后宫佳丽们的生活百态，其中就出现了荡秋千的经典场景。画卷右侧的宫墙外，一位红衣仕女坐在秋千上，飞荡得高高的，在她周围，三三两两聚在一起的仕女们总有十多位，她们正在观看荡秋千又或等待荡秋千，好不热闹。聚焦清代宫苑佳丽每月游乐活动的清代陈枚《月曼清游图》册（故宫博物院藏，图4-7）中，"杨柳荡千"正是专属于农历二月的游乐活动。春天来了，仕女们纷纷走出闺房，在芳草地上欢笑嬉戏，杨柳在微风中摆荡，杏花倒映在池水中，秋千架上，仕女的身姿轻盈如燕——这是多么富有生活气息的春日景观！

　　春日流行的户外活动还包括蹴鞠。"蹴"指的是用脚蹋、踏、踢，

图4-7 〔清〕陈枚《月曼清游图》册之"杨柳荡千"

芳节 · 春到人间草木知

"鞠"是最早用来狩猎的石球，后来演变成外包皮革、内填米糠的球。这种活动有点类似于现代的足球。相传蹴鞠是黄帝发明的，最初用来训练武士。早在唐代，清明时节的习俗之一就是蹴鞠。有诗为证——王维《寒食城东即事》云："蹴鞠屡过飞鸟上，秋千竞出垂杨里"；杜甫《清明》曰："十年蹴鞠将雏远，万里秋千习俗同。"

　　明代杜堇长达十米的《仕女图》卷（上海博物馆藏，图4-8），如电影胶片般把古代宫廷女子的娱乐时尚生活呈现于画面中。其中第二段聚焦的场景即为蹴鞠，可见女子蹴鞠在古代之盛，或许恰印证着明代钱福《蹴鞠》所描述的"蹴鞠当场二月天，仙风吹下两婵娟"。在画卷中，仕女们正用蹴鞠的形式嬉戏游玩，快乐的气息扑面而来。左边一株开满了花的桃树，成为春天的象征。

图4-8 〔明〕杜堇《仕女图》卷局部

槐序

·

绿树荫浓夏日长

暑

水亭烟榭晚凉中
—— 古画中的纳凉圣地

酷热难耐的暑气，是夏天予人的第一印象。在大暑时节，"湿热交蒸"更是到达顶点。韦应物描述的"炎炎日正午，灼灼火俱燃"（《夏花明》），韩愈感慨的"自从五月困暑湿，如坐深甑遭蒸炊"（《郑群赠簟》），都让人们对于夏日之热有了切肤感受。也因此，消暑在夏天可谓头等大事。

在没有空调、冰箱的夏天，古人们消暑纳凉的方式多举并施、低碳环保，尽显生活智慧，也别有一番诗意。其中，避暑之地的选择大有讲究，多位于山林、树荫或水畔。古人往往还在这些地方建筑起通风的草堂、凉亭、水阁、庭院，在其中宴饮坐卧，消暑效果堪比空调房。

深山之中一座朴实无华的草堂，是宋代佚名《草堂消夏图》（美国克利夫兰艺术博物馆藏，图5-1）所聚焦的。厚厚的茅草覆盖着草堂屋顶,三面有壁,一面敞开。两位文士坐在草堂中闲谈消夏,抬头可观山,俯身可听泉,草堂左侧便是茂密的竹林。整幅图为精巧的团扇扇面,宛如一首天然雕琢的田园诗。同是草堂消夏,清代吴历《墨井草堂消夏图》(美国纽约大都会艺术博物馆藏)以绘景为主,更显文人气息。这是一幅长近2.7米的水墨山水长卷,笔墨清淡。画中几处草堂与周边连廊连成成片院落,笼在湿漉漉的晨雾下,树荫浓密,池水环绕,鸟儿飞翔,俨然一幅隐逸的仙境。距观者最近的那座草堂里,可见一位敞胸露怀的文士,正倚坐在竹椅上捧读书卷。

图5-1 〔宋〕佚名《草堂消夏图》

明代周臣的《山亭纳凉图轴》（"台北故宫博物院"藏）选择描绘作为避暑地的山中凉亭。亭阁周围，奇石卓然直立，芭蕉数株掩映其间。亭内可见一位文士，左倚臂搁，右执羽扇，身旁置卷、册、茗尊各一，席地纳凉于风雅中。亭外的童子正伸臂摘采蜀葵花，以供瓶插。元代盛懋的《山居纳凉图》（美国纳尔逊·阿特金斯艺术博物馆藏，图5-2）与周臣此画主题类似，场景却更显大气恢宏。画面上半部分俨然全景式构图的青绿山水，山峦起伏，烟雾缭绕，勾染甚为精细。中间傍山临泉而建的一座水阁为画面增添了故事性。水阁四面通风，其间有位文士身着薄纱，袒胸露腹，坐在竹榻上乘凉，其前、后各立有一位童子。

清代董邦达《乾隆皇帝松荫消夏图轴》（故宫博物院藏）以山环水抱、苍松围绕的构图方式展开消夏场景。这是崇山峻岭、溪水潺潺的郊外，树木幽幽，满目清凉，乾隆皇帝身着汉装坐于石案旁，融入自然山水，远远望向童子烹茶。石案上除有茶杯外，还有弦琴及书本。元代刘贯道《消夏图》（美国纳尔逊·阿特金斯艺术博物馆藏，图5-3）描摹的场景则位于一座广植芭蕉的庭院里。有位文士袒胸露腹，侧身躺于一张木榻上纳凉。画面右方有位女子手执绘有山水景物的长柄扇与另一位携包裹款款而来的女子正在攀谈。

夏日，人们爱林间，也爱水边。宋代佚名的《纳凉观瀑图》（故宫博物院藏）绘清溪一湾，溪畔水阁掩映在翁郁的翠树秀竹之中。背景

图5-2 〔元〕盛懋《山居纳凉图》

· 绿树荫浓夏日长

图5-3 〔元〕刘贯道《消夏图》

峭壁坚峻，飞瀑如练，溪流急湍击石，清波拂岸，充满着夏日大自然的勃勃生机。水阁之中一高士白衣袒胸踞席而坐，凝视潺潺，若有所思。明代沈周《江亭避暑图》扇页（故宫博物院藏）以左右开合式构图，呈现夕阳之下高士策杖至江亭避暑的小景。江亭低低的，树木高高的，水面以大量留白予人无尽想象。青翠明洁的色调与简约的景致相呼应，契合着清凉的避暑主题。在沈周另一幅画作《桐荫濯足图轴》（首都博物馆藏）中，画中人倚坐在幽谷深潭边，索性将双足放入潭水，好不畅快！五代周文矩的《荷亭弈钓仕女图》（"台北故宫博物院"藏，图5-4）在荷塘边展开消夏故事。图中亭榭典雅繁复，以界画手法绘就，共画有十来位女子，她们头上戴着轻盈通透的夏花和夏冠。亭榭前后碧柳四垂，其中两位仕女于亭中对弈，多人在旁围看。亭外池荷盛开，翠叶田田，凭栏消夏的仕女或沉静垂钓或持扇观荷，一派

图5-4 〔五代〕周文矩《荷亭弈钓仕女图》局部

夏日悠闲景象。通幅屋界、衣饰刻画精细，粉花绿叶着色清丽。

　　还有一些名胜，与避暑天然地联系在一起，成为古人心中理想的避暑地。位于陕西临潼的骊山，便是这样的存在。它不仅是早于承德避暑山庄的皇家避暑胜地，还承载了唐玄宗、杨贵妃的爱情故事。"骊山避暑图"在不少画家笔下都有过呈现，勾勒出的多是想象中的世界，以此传递对清凉之境的向往，甚至包括对大唐盛世的追慕。

骊山宏伟壮丽的宫室建筑，常常是此类画作的视觉中心，也因而它们大多出自擅长运用界尺引线的界画大师。郭忠恕的《明皇避暑宫图》（日本大阪市立美术馆藏），是已知年代最早的一幅。此人乃五代后期、北宋初期最为杰出的界画画家，并且，他的界画创作是以其相当"斜杠"的素养作为支撑的，例如建筑设计、文字学、文学、书法。此画中的骊山华清宫，层层叠叠，甚为壮观，从下方的宫门到最高处的楼阁，有着屋脊斗拱的建筑多达十几层。这一壮阔的宫廷建筑群背山面水，以点缀其间的巨石、古树，映衬左边水色的浩渺、后方山峦的空濛，让人得以想象此间的清凉意。同类题材郭忠恕其实画过多幅，《明皇避暑宫图》《避暑宫殿图》和《山阴避暑宫图》共三幅，都在《宣和画谱》卷八的记录中。有"清代界画第一人"之称的袁江也画过《骊山避暑图轴》（首都博物馆藏），采用俯瞰视角，将富丽堂皇的楼阁置于画面左下部，为近处巍峨的群山所环绕，画面右上方占据画幅近半位置的，是山下漾开的一大片湖波，水面烟云弥漫，隐约可见远处的山峦。带给观者清凉观感的，不仅有画面营造的清幽氛围，也包括以青绿重彩敷就的楼阁建筑。

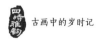

蒲扇轻摇拂清凉

——古画中的消暑神器

消暑纳凉，不仅在于地方的选择，也在于消暑神器的运用。相比于古画中对于种种避暑之地的诗意呈现。散见于历代各类画作中的消暑神器，更像是一枚枚充满趣味的"彩蛋"，展现了更为世俗的古代夏天。

在古代，扇子是百姓生活中不可或缺的消暑良助，也因而有"摇风""凉友"等别称；并且，古代的扇子比我们儿时熟悉的蒲扇要雅致许多，种类也丰富许多。在五代顾闳中《韩熙载夜宴图》宋摹本（故宫博物院藏，图5-5）中，扇子作为消暑利器便隆重登场，身着便服、露胸袒腹、盘膝坐在椅子上的韩熙载，就拿着一把方形团扇。钱选绘于宋末元初的《招凉仕女图》（"台北故宫博物院"藏）中，相偕漫步于庭院的两位女子，身姿纤弱窈窕，各执一短柄团扇，用以避暑招凉。扇子在这里也成为女性不可或缺的饰品，尽显东方风情。

图5-5 〔五代〕顾闳中《韩熙载夜宴图》宋摹本局部

"开北窗，设藤牀竹簟、瓦枕磁墩，以消长夏。"对于农历六月的炎炎夏日，清初文学家孔尚任在编撰的《节序同风录》中揭示出这样的生活智慧。以藤蔓、竹片、苇子等材料编织而成的床榻、凉席、椅凳、枕头等，都是古人夏天用以抵御炎热的生活必备，散发的淡淡幽香亦让人身心舒爽。其中还有一种圆柱形中空的竹制抱枕，别名"竹夫人"，尤为典雅。元代佚名《竹榻憩睡图》（大都会艺术博物馆藏，图5-6）中可见画中身着薄衫的老者侧卧在一张竹榻上，头下枕着竹枕，闭目睡得正酣，似乎隔着画幅便能感受凉意。传为唐代陆曜

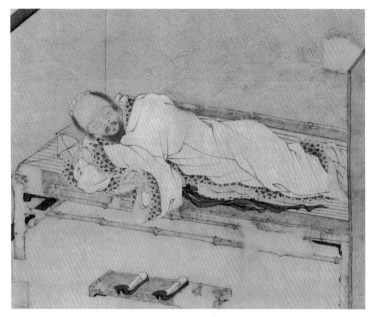

图5-6 〔元〕佚名《竹榻憩睡图》

所画的《六逸图》（故宫博物院藏）中，有一幕豪放不羁的"边韶昼眠"——大腹便便的东汉人边韶直接光着膀子、抱着书卷，躺在就地而铺的竹席上，惬意睡去。晚清任伯年的《蕉荫纳凉图》（浙江省博物馆藏），画的是与其同为海派代表人物的吴昌硕在芭蕉树旁纳凉的情形。他袒胸露腹，跷着二郎腿，倚坐在竹床之上，一手搭在腿上，一手握着大大的蒲扇，身后是片片似因高温炙烤而有些垂萎的芭蕉叶。

虽然没有冰箱，古人夏天吃冰的习惯却由来已久。早在一千多年前的唐朝，就出现了类似于冰激凌的食品，名为"酥山"。酥，是与奶

捷序·绿树荫浓夏日长

油、黄油相近的奶制品，大约在南北朝时期由北方游牧民族带入中原。酥山，据说是将酥加热到近乎融化状态之后，再淋出山峦等造型，最后放到冰窖里冷冻而成的。在唐代，这是贵族才能享受的奢侈品。"虽珍膳芳鲜，而苏山奇绝""非固非絺，触皓齿而便消"……唐代诗人王泠然曾专作《苏合山赋》，对酥山盛赞有加。位于陕西咸阳的唐代章怀太子墓壁画中，就有酥山的身影（图5-7）。有位身着男装的侍女双手捧着一个盘子，盘中之物似假山，上面还以花朵、彩树等作为装饰，这便是酥山。无独有偶，在陕西西安南里王村出土的中唐前期长安韦氏墓壁画《野宴图》中，同样可见酥山，就摆放于桌子中央。

图5-7 唐代章怀太子墓壁画中出现的酥山

畅饮冰镇"快乐肥宅水"的乐趣，古人在夏天亦可享受到。作为消暑圣品的"饮子"，相当于古代的凉茶，介于汤药与饮料之间。仅典籍中记载的宋代饮子，就包括香薷饮、紫苏饮、二陈饮、薄荷饮、桂花饮、豆蔻饮等繁多种类，细分功效各有不同，基本上以清热祛湿为主。在张择端堪称宋代社会"百科全图"的《清明上河图》中，就出现了饮子（图5-8）。虹桥下方临街房前，两把大型遮阳伞沿下挂着的牌子正是"饮子"。伞下坐着的卖家向买家递过一个圆杯，此应为饮子。由此也佐证了《清明上河图》画的并非某个特定时节，而是同时融入春夏秋冬四时风俗。

古代夏天还流行着"冰盆浸果"的美味。这指的是冰镇水果。有图为证，宋代刘松年《十八学士图》（"台北故宫博物院"藏）描绘对弈的那幅正是其中之一。此图左下角石桌上，放置了一个果盘，里

图5-8 〔北宋〕张择端《清明上河图》中的饮子

　　　　　　　　　　　　　　　　　　　　　　　　绿树荫浓夏日长

面装有桃子等水果，还可见大大的冰块。这正是冰镇水果。宋代佚名《宫沼纳凉图》（"台北故宫博物院"藏，图5-9）中，仕女倚坐的长座榻尽头，也有一大盆冰镇水果。这样的"彩蛋"同样藏在了前述元代刘贯道的《消夏图》中，搁在床榻前的一张木几上有个果盘，里面装了水果和冰块。

图5-9 〔南宋〕佚名《宫沼纳凉图》局部

荫

夏木阴阴正可人
——古画中的夏意

　　春尽夏至，草木褪去青嫩之色，枝繁叶茂，披上深邃、沉静的绿。这分绿意在王安石眼中比百花齐放的春日更可人，他在《初夏即事》中写道："晴日暖风生麦气，绿阴幽草胜花时。"遮蔽了烈日的浓浓树荫，还生出一种令人沉醉的宁谧之感，诚如苏舜钦在《夏意》中所述："树阴满地日当午，梦觉流莺时一声。"

　　在中国古代文人画中，"苍翠而如滴"的夏山是重要母题，仅以枯湿浓淡的墨色变化即为绿意浓的经典夏景留影，堪称山水技法的"实验场"，同时也寄寓着画者隐居山林的理想。

　　五代时期董源的《夏山图》（上海博物馆藏，图6-1），是中国画史上已知最古老的以"夏"为题的经典作品。董源乃江南水墨山水画派的开创者，山水技法中影响深远的"披麻皴"即由其创始。《夏山

图6-1 〔五代〕董源《夏山图》

图》描绘了云雾环绕、峰峦叠翠和树木繁芜的江南夏日景象，正是运用到了"披麻皴"。这一皴法线条随意性极强，长短参差不齐，轻松自然，犹如披麻，十分适宜铺展江南丘陵绵延不断的起伏之态，反映土质山疏松平缓的地貌特征，意向平和沉静。此长卷以中央的山峦为主，有层次地用"两点皴法"和"披麻皴法"来做点染，笔墨以干湿浓淡交替使用的手法，把江南山间的湿润和苍翠呈现于观者眼前。上海博物馆书画部研究员郑为曾指出，《夏山图》把极其单调的平沙碛堤和重叠冈峦连垠成巨幅，一眼看去给人气势壮阔的感觉，这在中国五代以前的传世作品中史无前例。而难得的是这幅画的结构十分严密紧凑，画幅下部利用山坡丛树一起一伏，顶部以远山覆盖于冈峦之上，时隐时显，这样的章法本身，组成了既有规律又有变化的节奏。元代王蒙五十七岁时所作的《夏山高隐图轴》（故宫博物院藏），分明让人从重山叠翠、林荫繁荟中感受到夏天的味道。卷轴下部屋舍前的人虽小，却为静谧清凉的夏日留下烟火气，只见右下角屋内有高士手持羽扇踞坐榻上乘凉，左下角屋内有一妇人正在劳作，小犬静卧庭中，林间一人沿着曲折的山路走来。

　　在夏天的标准画像中，总少不了绿树荫浓。北宋赵令穰的长卷《湖庄清夏图》（美国波士顿艺术博物馆藏，图6-2），将人们带到南方清凉夏日的湖畔边。烟水迷蒙，莲叶田田，鸭群在湖中嬉戏，自是勾勒出盛夏骤雨初歇时湖上寂静清凉的意趣。画中同样显眼的，是浓荫。卷首便是堤岸边一排浓密的树木，卷末近景描绘的三株形态各异的大树与之形成呼应。

图6-2　〔北宋〕赵令穰《湖庄清夏图》局部

　　　　　　　　　　　　　　　　　　　　　　　　　　　　　时序 · 绿树荫浓夏日长

窗前谁种芭蕉树

—— 古画中的芭蕉

"红了樱桃，绿了芭蕉"，宋代词人蒋捷的一首《一剪梅·舟过吴江》，将由春转夏看不见的时序变化转为可以捉摸的形象。可见深绿的芭蕉乃夏日一大"代言人"。芭蕉是中国南方庭院中常见之物，以伞盖般硕大的叶片，形成有别于世间草木的辨识度，往往在夏天最为繁盛。彼时，成片的芭蕉叶予人"绿天如幕"之感，送来视觉上的清凉。杨万里《闲居初夏午睡起》云："梅子留酸软齿牙，芭蕉分绿与窗纱。"

古来擅长画芭蕉的画家不在少数，明清的徐渭、八大山人、金农等，都是个中高手。一方面，这其实是因为芭蕉乃中国传统文人颇为钟爱的一种意象，常常用以表达生命感悟——"芭蕉林里自观身"（黄庭坚语），中国人观芭蕉，如同观短暂而脆弱的人生；另一方面，则在于芭蕉尤其是芭蕉叶的画法，须以大笔挥洒，墨色淋漓，极见画者的笔墨功力。其中，芭蕉与夏天的勾连，形成"蕉荫图""蕉林避暑图"

等画题。

炎炎夏日，蕉荫下的人与事富于夏日特有的情韵。窗前的芭蕉墨竹，被清代金农的《蕉林清暑图》(徐平羽旧藏)收录在笔端。画中两丛大大的芭蕉采用双钩技法，以顿挫的转折线条勾勒出蕉叶舒展的轮廓，蕉叶淡染薄色，极尽清幽。名为消暑，金农实则以芭蕉感叹人生，其题画七言古诗云："绿了僧窗梦不成，芭蕉偏向竹间生。秋来叶上无情雨，白了人头是此声。"

蕉荫下可以把酒言欢，且看明代画家陈洪绶的《蕉林酌酒图》（天津艺术博物馆藏，图6-3）。一丛高高的芭蕉林下，有位高士倚石案而坐，右手举着酒杯，神态闲适地独自畅饮，若有所思。在其前方，两位仕女正在煮酒。陈洪绶笔下的人物颇具特色，造型略为夸张，衣纹线条如行云流水，高古奇隽。作为背景的芭蕉颇为张扬，有着浓重的色彩，极富装饰性，最是渲染出园林清幽雅致的氛围。

图6-3 〔明〕陈洪绶《蕉林酌酒图》局部

蕉荫下可以相约对弈，且看明代画家姜隐的《芭蕉美人图》（美国私人收藏）。此图芭蕉丛苍翠浓郁，隐于雄古奇崛的湖石之后，占去大半画幅。湖石前，石案之上，棋局已开，一位仕女坐于案旁，正等同伴洗手之后对弈。或站或坐的仕女色彩清雅恬淡，富于线条美，与背景繁茂浓重的蕉荫形成对比的张力。

蕉荫下可有孩童嬉闹，且看宋代佚名的两幅小小的团扇画——《蕉石婴戏图》（故宫博物院藏）与《蕉荫击球图》（故宫博物院藏）。前一幅画竟然绘有十五个儿童于庭院嬉戏。画面中央，墨绿的芭蕉叶环绕着巨大的太湖石，构成有些出离于日常生活的夏日背景。其中，位于画右侧湖石角落里的三个儿童，正在表演类似于木偶戏的傀儡戏。这是宋代生活中颇为流行的一种娱乐活动。后一幅画以立于画心中部玲珑剔透的湖石聚拢交叠张扬的芭蕉叶，石前一位少妇与身旁的女子正专注地观看两个童子玩着捶丸游戏，四人的目光同时落于童子所欲击打的小小球体上。这是宋代特有的游戏活动，玩法有些类似于今天的高尔夫球。

蕉荫下可有萌宠出没，且看清代画家任伯年的《芭蕉狸猫图》（故宫博物院藏，图6-4）。任伯年的绘画吸收了民间艺术的技法，融汇恽寿平、陈淳、徐渭、八大山人的写意画法，又吸收了西方水彩绘画的色调，因而这幅画以富于装饰性的色彩、清新明快的格调，尤其散发出夏天的味道。图绘芭蕉、假山与四只狸猫。芭蕉叶以浓墨描绘轮廓，

图6-4 〔清〕任伯年《芭蕉狸猫图》

绿树荫浓夏日长

线条圆润，叶面部分用饱含水分的明黄、花青、石绿等色彩晕染，丰富的深浅色调变化力透纸背。芭蕉叶下的四只狸猫，则只用寥寥数笔点染，既有静止下舔舐爪子的专注神态，也有嬉闹撕咬的动态，一动一静，相映成趣。

夏竹苍翠尽开颜
—— 古画中的竹子

  四季常青的竹，本不是夏天独有的风物。不过随着夏日渐长的光照，竹子越长越高，越长越茂密，放眼望去，竹影婆娑，青翠欲滴，为人们送来视觉与身心的清凉。也因此，竹子成为人们心中的夏日意象。诚如孟浩然在《夏日浮舟过陈大水亭》中所写："涧影见松竹，潭香闻芰荷。"

  中国传统文人爱画竹。俊逸挺拔、傲雪凌霜的竹，是高风亮节的象征。不过，也有一些古画中的竹，在言志寄情之外，给了我们关于夏天的视觉想象。

  说到画竹，怎可不提北宋画家文同。成语"胸有成竹"据说就来自文同。这位画家曾长年累月对竹子进行细微观察，春夏秋冬、阴晴雨雪之下竹子的姿态、色泽各有什么不同，一清二楚。每每提笔画竹，精准的形象早已在心中。夏竹风情，或许正如现藏于"台北故宫博物

                                              楔序 · 绿树荫浓夏日长

院"的文同《墨竹图》（图6-5）。此图以倒垂竹枝为主体，竹叶和竹枝从左上方垂下，出枝微曲取横空之势，密叶纷披，蓊郁喜人。史传文氏之竹"浓墨为面，淡墨为背"，于此可见。

图6-5 〔北宋〕文同《墨竹图》

文同的《墨竹图》以茂密的竹叶描摹夏天，而北宋画家赵昌的《竹虫图》（东京国立博物馆藏）则以竹与虫的经典搭配传递夏意，让人不禁想起杨万里在《夏夜追凉》中感叹的："竹深树密虫鸣处，时有微凉不是风。"此画以双钩填彩绘幽篁疏影，另有花卉、野瓜、蝴蝶、蜻蜓、天牛、螽蟖萦绕，植物枝叶饱满，果实又仿效徐崇嗣的"没骨"画法，姿态多样，颇具夏天的野趣。

中国的庭院几乎无园不竹，置身清风竹下谈艺论道，乃夏天的一大雅事。明成化年间的一个初夏，七十一岁的画家沈贞途经无锡惠山的竹炉山房，拜访普照师，与他在竹林深处的草堂里小酌，晚上趁着微醉，画下一幅《竹炉山房图》（辽宁省博物馆藏，图6-6）。在山坳之中，郁郁葱葱的竹林，三面环抱山房，并且高出房舍数倍。山房内，两人对饮谈论，房前，山泉流入清溪，溪流绕山而过。如此清幽之景，似还能让今天的观者感受到那个初夏的晚风习习。《竹院品古图》出自明代画家仇英总计十开的《人物故事图册》（故宫博物院藏），绘制中国古代具有普遍性的人物故事，应是有意模糊了季节，但浓荫的竹林让人很难不想到夏天。此图绘有江南一位私家园林的主人邀约三五知己，在竹院雅景中玩古鉴珍、烹泉品茗、对弈手谈、抚琴雅游的景象。无论风光、活动、人物举止还是古玩、家具、日用器物，无不契合得恰到好处，将一幅繁盛丰美的文人雅集图卷呈现于人们眼前。

图6-6 〔明〕沈贞《竹炉山房图》

值得一提的是，一种特别的竹画——竹林七贤故事图，不仅表现竹林葱郁之景，也透出夏日清凉之意。例如，明代李士达的《竹林七贤图卷》（上海博物馆藏，图6-7）、陈洪绶的《竹林七贤图》，清代禹之鼎的《竹林七贤图》、沈宗骞的《竹林七贤图》、冷枚的《竹林七贤》、任伯年的《竹林七贤图》，皆如是。竹林七贤，指的是魏末晋初的七位名士——嵇康、阮籍、山涛、向秀、刘伶、王戎及阮咸。这七人常聚在当时的山阳县（今河南修武一带）竹林之下，饮酒清谈，肆意酣畅。画家们热衷于画竹林七贤的故事，其实也是在用画笔寻觅心灵的清凉地。

图6-7 〔明〕李士达《竹林七贤图卷》

绿树荫浓夏日长

映日荷花别样红
——古画中的荷花

炎炎夏日，荷花迎着艳阳，开得正好。荷花，又名莲花、芙蓉，是四时花卉之中为数不多的水生花卉，也隐隐点出夏日与水的因缘。盈盈水中，荷风莲香，惊艳了一整个夏天。唐代诗人孟浩然在《夏日南亭怀辛大》中吟咏："荷风送香气，竹露滴清响。"元代戏曲家白朴在《得胜乐·夏》中抒发："酷暑天，葵榴发，喷鼻香十里荷花。"关于夏日荷的美好遐想，最为耳熟能详的，还是南宋诗人杨万里《晓出净慈寺送林子方》中那句"接天莲叶无穷碧，映日荷花别样红"。

无论是亭亭玉立的单朵，还是挨挨挤挤的满池，无论作为夏日"气氛组"的要员，还是堪称托物言志的载体，荷花自古以来就是画家们热衷于表现的对象，佳作迭出。

一朵荷花的"高光时刻"，由南宋吴炳的《出水芙蓉图》（故宫博物院藏，图7-1）以照相般的特写方式定格下来。此图仅绘一朵盛开

图7-1 〔宋〕吴炳（传）《出水芙蓉图》

得近乎完美的粉红色荷花，莲瓣饱满，运用几近后世的"没骨法"，不见勾勒之迹，却渲染出花瓣既轻盈又腴润的质感。瓣上花蕊丝丝分明，末端渐红，纹理清晰精细。构图端庄大气，设色清丽典雅，绿叶映红花，非但不见俗气，还足足绘出荷花"出淤泥而不染，濯清涟而不妖"的君子气质。

　　同是聚焦作为近景的荷花，明代画家徐渭的《五月莲花图》（上海博物馆藏）呈现出截然不同的风貌，不求形似，却蕴含着饱满的情绪。这与徐渭水墨淋漓、运笔生风的大写意画风紧密相连。文人画家如徐渭画荷，亦显然志不在物象本身。此图中出现的荷花仅有两朵，以淡

绿树荫浓夏日长

墨中锋，狂草笔法飞快勾出，无心求工；荷叶以浓墨点厾、散锋扫出；荷柄与水草则以长锋写出，任其浓淡干湿、中锋侧锋亦不计较。这样的荷花图极具动感，让人得以想象荷塘的不宁静。在创作这幅作品时，正值徐渭三十七岁、第八次参加科举不中之时，他是借荷花被狂风所击、场面狼藉之画面，倾吐胸中不满。

对夏日荷塘的生趣，五代南唐顾德谦的《莲池水禽图》（日本东京国立博物馆藏，图7-2）表现得格外雍容。此图为对轴，其中一幅聚焦夏初荷花始盛的情形，其间荷花润泽鲜亮，楚楚动人，右上方与左下方各有洁白的仙鹤，一只凌空展翅，一只伫立水中，尤为画面增添了典雅温柔的格调。明代陈洪绶的《荷花鸳鸯图》（故宫博物院藏，图7-3）以荷花、蝴蝶、鸳鸯组成的小景，构成空灵润泽的意境。图绘荷塘一角，芦苇丛生，几朵红荷正绽吐芳菲，引来翩跹的蝴蝶。荷叶碧绿似伞，湖石雄奇厚重，清澈见底的水面上，一对鸳鸯相伴而游。此画虚实相间，别有韵味，荷叶的脉络、荷花的红丝及荷柄之上的细刺都描绘得极其生动，而水波、水草、芦苇只以淡墨数笔勾染而成。清代吴应贞的《荷花图》（故宫博物院藏）则极尽秀雅地描绘夏日池塘风和日丽的景色。画中荷花敷色艳丽而不浓腻，氤氲着含水带露的润泽。游在荷花丛中的鱼儿，将一池清水巧妙地暗示了出来。

说到荷画，两幅长卷是绕不开的，它们也都以各自的方式呈现出夏天荷花盛放的最美一面。一幅是明代画家王问长逾九米的《荷花图》

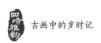

图7-2 〔南唐〕顾德谦《莲池水禽图》之一　　　　图7-3 〔明〕陈洪绶《荷花鸳鸯图》

101　　　　　　　　　　　　　　　　　　　　　　　　　　　　　槐序 · 绿树荫浓夏日长

（南京博物院藏）。此图展现了荷花由"小荷才露尖尖角"开始、经历含苞待放、初展芳颜、盛开如霞、晚荷似火、花叶飘零到最后的一池枯索、莲蓬挺立的生命过程。其中中段聚焦的正是盛放得格外可人的夏荷，大大的荷叶用墨色绘就，随风摇曳，饱满的荷瓣则是淡淡的粉色，娇翠欲滴。构图颇有一气呵成之感，让人看到夏荷从哪里来，又将往哪里去，因而格外感慨它的绚烂一瞬。另一幅则是清代画家八大山人长近十三米的《河上花图卷》（天津博物馆藏，图7-4）。此图以大写意的笔法聚焦河塘中嶙峋石间一组盛开的荷花，墨写荷叶，线勾花瓣，刚柔相济，墨气纵横；并且，画家开创性地将花卉与山水融于一卷，荷花之外，坂坡小草、溪水潺潺、兰竹、山石点缀其间。八大山人其实在以河上荷花暗喻自己的人生长河，其中卷首部分的荷花从河上跃起，尤其枝挺叶茂，生气蓬勃，象征着初涉人世时的远大志向。

图7-4 〔清〕八大山人《河上花图卷》局部

荷花深处小船通

——古画中的泛舟采莲

水给夏天带来清凉的气息。其中泛舟莲塘、采摘莲蓬一类的水上活动，是约定俗成的时令活动，漾起无尽乐趣，绚烂着古人们的夏天，甚至可谓荆楚、吴越等长江流域夏天必不可少的农事。

红荷花开，菡萏十里，少女们摇着小船、唱着歌谣穿梭于藕花深处，忙着采莲。这是何等赏心悦目又生趣盎然的画面。菱叶漂荡，荷叶摇曳，采莲的小船飞梭，白居易在《采莲曲》中以"菱叶萦波荷飐风，荷花深处小船通"记写颇具动感的采莲场景；荷叶与采莲少女的交相辉映，温柔了岁月，王昌龄在《采莲曲》中写道："荷叶罗裙一色裁，芙蓉向脸两边开。"

在四川省博物馆藏有的"采莲渔猎"汉代画像砖拓片中，就出现了采莲的画面。画面左侧便是一方荷塘，塘内莲叶田田、莲蓬累累，鸭子和鱼儿在莲叶间嬉戏。四人泛舟水上，有的采摘莲藕，有的撑竿划船，有的引弓射箭。画面虽简单直白，却自在活泼。

历代绘画中的泛舟采莲图景更是频频可见，用笔墨为人们留住夏日的诗情画意。传为唐代李思训所绘，实则出自南宋画家之手的《御苑采莲图》卷（故宫博物院藏），以全景式手法描绘古代宫苑中的夏日景致。葱茏山林之间，殿宇林立，楼阁高耸，颇显气势，并且建筑物轮廓大量使用金线勾勒，辉煌明丽。环绕着宫苑的一汪湖水却是灵动的点缀。湖中，荷叶舒卷，荷花开合，宫人们乘着小船泛舟湖上，一边游赏湖光山色，一边在莲花藕叶中往来嬉戏。主题类似，同为宋代院画细腻华丽的风格，宋代佚名的《莲塘泛舟图》页（故宫博物院藏，图7-5）将镜头推得更近一些。此图以细笔勾勒长松密林，坡陀水阁。

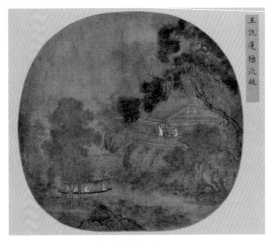

图7-5 〔宋〕佚名《莲塘泛舟图》

水阁内有两位女子，一位执扇闲坐，另一位凭栏眺望，水阁之下是清幽的莲塘，三位女子泛舟而来，穿行于荷花之间。

"江南可采莲，莲叶何田田"，采莲尤盛于多水的江南。而在吴门画派等江南画家笔下，此情此景多有表现。明代唐寅的《采莲图》（"台北故宫博物院"藏）是疏朗、开阔的水墨长卷。图绘夏日清晨，夜雾尚未退尽，湖面四周，隐约可见柳树、荷花、水波和小舟，小舟上有位女子划向藕花深处，远方，还有一抹淡淡的山峦。明代仇英的《采莲图》扇面（"台北故宫博物院"藏，图7-6）是幅富丽的冷金笺画。画中，远山环抱着亭台，湖面泛起层层涟漪，右下角可见簇簇莲叶，有人撑着小舟于其间徜徉。有别于很多以采莲为主题的古画描摹

图7-6 〔明〕仇英《采莲图》

　　绿树荫浓夏日长

宏观之景，清末画家吴观岱的《采莲图》（无锡博物院藏）别出心裁特写了采莲之人。画作中浮萍点点，水草依依，岸边垂柳掩映间，驶出一叶小舟。撑篙前行的采莲女刻画得甚为细腻，成为一道亮丽的风景线。她头簪鲜花，身姿婀娜，微露的抹胸与一旁瓷瓶均施以红色，为画面平添了一份明丽。

锣鼓频催破浪梭
——古画中的划龙舟

在夏日众多的水上活动中，有一样最具仪式感，那便是划龙舟。它不单是端午节最重要的民俗活动之一，也是拼搏、团结等精神的凝结。

划龙舟，不仅讲究划，更讲究赛。伴随着"棹歌乱响，喧振水陆"（《隋书·地理志》），岸上观者如云，众人合力划着龙形船你争我赶、好不热闹。盛大的场面，看得人心潮澎湃。龙舟竞渡之习，在我国有着两千多年历史。汉代赵晔《吴越春秋》认为，"（龙舟）起于勾践，盖悯子胥之忠作"。不过，纪念屈原是在民间流传更广的说法。

"鼓声三下红旗开，两龙跃出浮水来。棹影斡波飞万剑，鼓声劈浪鸣千雷。鼓声渐急标将近，两龙望标目如瞬。坡上人呼霹雳惊，竿头彩挂虹蜺晕……"，唐代大将张建封的《竞渡歌》将龙舟竞渡的高潮迭起、扣人心弦描绘得有声有色，由此可见这项活动已经成为民间盛事。

而与之同时代的李昭道则以《龙舟竞渡图》（故宫博物院藏，图7-7）为宫廷中欢度端午的百舸争流之景留下图证。李昭道乃唐代青绿山水代表画家，此图的远景正是运用石青石绿历久弥新的青绿山峦。华丽的水上楼阁位于画面右下角，绿瓦红柱，雕梁画柱，廊桥纱帐，颇有气势，不少宫中女子穿梭其间。在楼阁环抱的开阔湖面上，四艘精致的龙船分布四周，船上之人小如豆却清晰可辨，竟然有不少是女子。

以《清明上河图》惊艳艺术史的北宋画家张择端，留存于世的另一幅画作《金明池争标图》（天津博物馆藏，图7-8）就是关于龙舟竞

图7-7 〔唐〕李昭道《龙舟竞渡图》页

渡的。其历史研究价值甚至不逊于《清明上河图》。金明池，位于汴梁郑门外西北，是北宋供皇室游玩的水上园林，规模巨大。《金明池争标图》描绘的是端午节当天宋太宗亲临金明池观赏龙舟竞赛、与民同乐的场景。此图以界画手法、全景式构图让人们对金明池的布局结构一目了然：四岸环绕金明池，间杂一众临水建筑，池中建一岛屿，上有恢宏殿宇，以巨型拱桥达于岸上。池心处乃龙舟争标活动的高潮点所在。一艘载有三进歇山顶木结构建筑的大型龙舟正对着岛上殿宇，最高处约五层，前后两进各三层。舟头处立有指挥军校一名，舟翼左侧

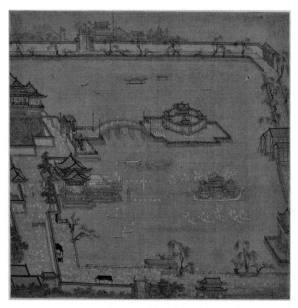

图7-8 〔北宋〕张择端《金明池争标图》

立有三名桨手，各控一只长橹，作预备划动状。大型龙舟两侧，各齐列五艘小龙舟，每艘船头也各立军校一名、旗幡一只，军校双手挥令旗以示方向，每舟两侧各坐有五名桨手。十一艘龙舟错落有序，桨手划棹方向完全一致，向着标杆奋力划驶。池上还可见"水傀儡""水秋千""乐船"等场面，将宋代的水上百戏表演呈现在观者面前。学界研究发现，画中景物、活动几乎能与宋绍兴年间孟元老所著《东京梦华录》描写金明池的情形形成对应。

　　表现北宋金明池龙舟争标活动，也是元代界画大家王振鹏的重要创作主题，其流传至今的相关画作多达八幅。藏于"台北故宫博物院"的《龙池竞渡图》（图7-9），是较为知名的一幅。有别于张择端《金明池争标图》的方构图，《龙池竞渡图》是长近2.5米的长卷，王振鹏墨线白描的画法也更加繁复细腻。全图以连成一片的庞大建筑宫殿作为背景，只见金明池水面上停着大小船舶二十余艘，船上共有两百多

图7-9 〔元〕王振鹏《龙池竞渡图》

个人物。拱桥左边的水面上，一艘艘龙舟争先恐后，橹桨奋动，似脱弦之矢，飞快向前驶去。精彩的水秋千表演位于拱桥右边的水面——两艘并列的小船上，高高伫立起秋千架，小船上各有鼓手两人、桨手八人、荡秋千者一人。

梅子金黄杏子肥
——古画中的夏果

"成林卢橘熟，翠羽杂金麟"（刘季孙《次韵东坡赏枇杷》）、"醉里自矜豪气在，欲乘风露摘千株"（陆游《六峰项里看采杨梅连日留山中》）……夏季日光充沛，雷雨增多，万物切换至茁壮生长模式。其中，应时瓜果格外多乃一大表征，枇杷、西瓜、荔枝、樱桃、杨梅……无不水分满满。咬上一口，便成就炎炎酷暑里的小确幸。不过，古人笔底青睐的瓜果，除了常见度，还藏着一些私心。

俗语有"小满枇杷半坡黄"。枇杷，可谓初夏"第一果"。尽管这是一种来自南方的风物，可早在宋代，宫廷画家已频频以其入画。故宫博物院所藏南宋林椿的《枇杷山鸟图》（图8-1）就是一幅画枇杷的经典。呈对角线构图的一簇枇杷枝，将黄澄澄、颗颗饱满的果实推至观者视线中的C位。林椿的工笔画法，层层晕染，轻盈通透，深得写生之妙。枇杷果的新鲜馥郁，是以鸟虫来衬托的，予人无限遐想。果

图8-1 〔南宋〕林椿《枇杷山鸟图》

实引来一只绣眼鸟停在枝头，翘尾伸颈，正欲啄食，细细端详，它却发现枇杷上停有一只蚂蚁。

对于盛产于江南的枇杷，古代文人尤其情有独钟。吴门画派创始之人沈周爱吃枇杷，亦爱画枇杷，留下数量可观的作品。其中故宫博物院所藏的沈周《枇杷图轴》，是明代文人写意花鸟画的代表之作。纵幅构图，上下留白，中绘自左上倾斜而下的折枝枇杷三四丛，枝干以淡墨勾勒，苍翠的阔叶掩映金黄的枇杷。这样的画乍一看有些"平"，并未追求过多的笔墨变化，布局却堪称精心，组合有参差，交叉有隐显，予人适意之美——此乃画家深谙的平和之道。沈周的画往往有感于自然物象，流淌出脉脉人间温情。如是亲近生活的一面，或许有别

绿树荫浓夏日长

于很多文人画家。此画左上方的题诗"爱此晚翠物，结实可一玩。山禽不敢啄，畏此黄金弹"，成为沈周画作与生活趋于合流的一个注解。吟咏枇杷，他留下的名句还有："谁铸黄金三百丸，弹胎微湿露渍渍。从今抵鹊何消玉，更有锡浆沁齿寒。"在沈周看来，食枇杷犹如服用黄金丸一般美妙，是"天亦寿吴人"的恩赐。是这份喜爱促使他频频提笔为枇杷画像。

"红了樱桃，绿了芭蕉。"樱桃，亦是初夏圣果。有别于枇杷的是，自古以来，樱桃便是帝王喜爱的果品，常常被用以赏赐重臣，据说王维、韩愈、张籍、白居易等均曾获此厚遇，尝过之后大喜过望，感激涕零。不知是否曲高和寡，存世古画中甚少有画樱桃的。上海博物馆所藏的一幅宋人《樱桃黄鹂图散页》（图8-2），画有两只黄鹂栖于樱

图8-2 〔宋〕佚名《樱桃黄鹂图散页》

桃枝上。绿的叶，红的果，黄的鸟儿，枝丫有横、有纵，鸟儿有昂首、有俯视……物象仅占半隅，却自有怡然的节奏、生动的境界。此画作者佚其名，但从画上的杨皇后题名可知应为南宋院画。郎世宁在一套十六幅、现藏于"台北故宫博物院"的名作《仙萼长春图册》中，也画过樱桃图。乍一看，画面中央细语对话的一对鸟雀似是主角，樱桃枝不过居于画面左上以及左下，然而为画面点睛的，正是点点樱桃红。郎世宁在画中所用的工笔设色技法，笔触精细，用色鲜艳，既有欧洲油画注重写实、明暗和透视的特点，又呈现出中国传统绘画之笔墨趣味。

随着暑气渐盛，"夏至杨梅半山红"。甘甜中带点酸的杨梅，是与枇杷平分秋色的江南时令美味。画杨梅最拿手的，还得看堪称"吃货"的沈周。明代大臣李濂有诗云："江南花果树，珍异属杨梅。沈老挥毫顷，能移数颗来。"仿佛沈周一挥笔，便能移来数颗杨梅。身处吴地，沈周有足够的自由和便利品尝新鲜杨梅，他也的确画了不少幅杨梅。《花果二十四种卷》（上海博物馆藏）中的杨梅（图8-3），是仅以墨色写意的一丛杨梅特写，寥寥数笔，颇具摇曳的动感。《杨梅图》卷取的是作为中景的杨梅树，树上挂着的串串杨梅果数量各不同，由此形成画面的韵律感。画面右上方题有："我爱杨家果，丸丸绛雪丹。溪园只宜种，只作画图看。"据说，那一年沈周收到友人送来的杨梅，为表谢意，画就此图（唐寅《避暑帖》）。

图8-3 〔明〕沈周《花果二十四种卷》之杨梅

"一骑红尘妃子笑，无人知是荔枝来"，"日啖荔枝三百颗，不辞长作岭南人"，有了杨贵妃与苏东坡的最强代言，荔枝足以被推上水果之"神品"地位。虽然荔枝是常见于岭南的风物，古代热衷于画荔枝的画家却真不少。宋徽宗有张《写生翎毛图》卷，现藏于大英博物馆，描绘了禽鸟、蝴蝶翩翩流连于荔枝丛、栀子丛中。画中共有四十余颗鲜嫩欲滴的荔枝挂满枝头，颗颗饱满，如皮革般的纹路尽显精致画工。宋徽宗曾将陈紫荔枝树从福建移植到汴梁，种在宣和殿前，没过多久，荔枝树竟然开花结果了，荔枝被用以赏赐大臣，宋徽宗也由此成为历代皇帝中第一个实现"荔枝自由"的人。而这幅手卷正是坐实了这段历史。有意思的是，另一位丹青皇帝明宣宗朱瞻基也画过荔枝，同样让动物与荔枝"同框"，这便是《菖蒲鼠荔图》，现藏于故宫博物院。朱瞻基擅长意笔画风，多以亲民的花鸟草虫、动物入画，这与当时宫廷画院盛行的风格大相径庭。在这幅画中，一只机灵劲十足的小老鼠正在啃食一颗硕大的红荔枝，荔壳已被鼠啃破，散落于地，白色的果肉裸露在外。画中鼠、荔枝和荔叶均为工笔，荔枝为重彩。而小老鼠背后的寿石菖蒲为水墨，小写意。水墨的"黑"与荔枝的"红"形成鲜明的视觉反差。作为餐桌美味而非自然风物的荔枝，在辽宁省博物馆藏清代画家华喦《啖荔图》（图8-4）下能够得以窥见。

图8-4 〔清〕华喦《啖荔图》局部

这是华嵒早年的重要作品，图绘一位雅士坐于树石间啖荔的情景。山石淡墨晕染，树木勾点兼施，雅士手执的蒲扇暗示着空气中尽是暑气，这个时候，人物右边的一盘红荔枝，格外透心凉。依华嵒自题得知，此图乃其二十六岁时（1707）应周念修之邀而作，画中雅士即周念修。

古称"寒瓜"的西瓜虽为避暑圣品，然入画并不多见。出现在元代钱选《三蔬图轴》（"台北故宫博物院"藏，图8-5）中的一只椭圆大瓜，形似今天我们熟悉的西瓜，并以深深浅浅不同层次的绿色呈现出瓜纹，恬静优雅。而在同样出自这位画家的《蔬果图》中，左边藤蔓上悬着一只足有四分之一画幅之大的绿色瓜果，其有些笨拙、呈扁圆状的外表其实更像冬瓜，可裂开的瓜肚竟然露出了红色的瓜瓤，这才让人相信，此瓜应为西瓜。不按常理"出牌"的八大山人在存世最早的作品《传綮写生册》（"台北故宫博物院"藏）中也画过西瓜，仅以浓淡枯湿富于变化的墨色渲染出两只大瓜，它们有着形如蒲扇的怪异形状。玄机或许藏在为此画题写的三首诗里："无一无分别，无二无二号，吸尽西江水，他能为汝道。""和盘拓出大西瓜，眼里无端已着沙，寄语土人休浪笑，拨开荒草事如麻。""从来瓜腿永绵绵，果熟香飘道自然，不似东家黄叶落，漫将心印补西天。"八大山人应是在以西瓜隐喻世界的大道、人生的况味。擅长画鬼的"扬州八怪"之一罗聘画起西瓜，倒是尽显对于自然的沉醉和生活的热爱，他的《西瓜图》

图8-5 〔元〕钱选《三蔬图轴》局部

敦厚朴实，就形态而言怕是最近乎西瓜标准照的古画了。看得人垂涎欲滴的西瓜，竟然在清代画家袁江的《写生蔬果图》下。这本是一位长于山水楼阁的画家，花卉蔬果是其偶尔为之的遣兴之作。此图以没骨笔法绘就，其中一页绘有硕大的西瓜倚于画面右下，绿皮红瓤，熟裂的瓜口很是天真，仿佛孩子咧嘴的笑容。一截瓜藤和几片瓜叶预示着西瓜很可能是新鲜摘下的，瓜皮绿中泛黄则正是熟透的征象。

青草池塘处处蛙

——古画中的夏虫

　　夏日，茁壮生长的不仅有果蔬，还有草虫等小动物。夏季若干节气的物候均与小动物有关，例如，立夏"蝼蝈鸣""蚯蚓出"，芒种"螳螂生""鵙始鸣"，夏至"蝉始鸣"，小暑"蟋蟀居宇""鹰始鸷"，大暑"腐草为萤"。蜻蜓、蚯蚓、蟋蟀、知了、萤火虫、蜗牛、青蛙……暑热之时，格外活跃的小动物们出没于草丛、花间、林中、水边甚至屋内，给人们带来烦扰，却又不期为夏日涂抹出活泼的色彩。

　　描绘草虫，中国画是有悠久传统的。南朝顾景秀创"雀蝉图"，并有《蝉雀麻纸图》传世。与其同时代的画家陆探微也曾作有《蝉雀图》。可惜，这些作品今已不复所见。五代西蜀画家黄筌教子习画的非正式画稿《写生珍禽图》（故宫博物院藏），除了画有十只鸟、两只龟，画面还均匀分布着十二只昆虫，黄蜂、鸣蝉、蟋蟀、飞蝗、蚱蜢、天牛……只只传神。

若要探寻夏日草虫特有的气息，不妨看看南宋画家林椿的《葡萄草虫图》（故宫博物院藏，图8-6）。累累垂挂的一枝绿色玫瑰葡萄，须蔓缠绕，果实晶莹，是夏天没错了。蜻蜓、螳螂、甲虫、纺织娘等草虫于藤叶间或攀爬，或吸吮，或藏匿，或停歇，形象生动有趣。以双钩填彩绘制的这些草虫，用线刚柔相济，刻画出不同的质感，如蜻蜓轻薄的翅膀、纺织娘坚硬的外壳。有别于林椿的精工笔法，清代画家八大山人的《蕉蝉图》（"台北故宫博物院"藏）则极尽写意地让人聆听夏天的蝉鸣。画面仅有一只蝉匍匐于折枝芭蕉茎叶上。蕉叶由水墨一二笔挥洒而成，落墨成形，小小的蝉是点睛之笔，尽管以大写意

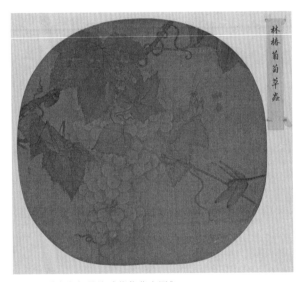

图8-6　〔南宋〕林椿《葡萄草虫图》

 古画中的岁时记

写就，却甚为工致，双翼、肢脚、双眼无不神形兼备，两只眼尤其炯炯有神。八大山人大抵无意为夏日风景留影，他应是在以芭蕉叶上的孤蝉自比，在画中注入失意的心绪。

晚清画家任薰的《茹叶蜻蜓图》（苏州博物馆藏），将海派绘画的赏心悦目体现得淋漓尽致。茹叶，大抵是红薯的叶子，在画面中其宽阔的叶面形似芭蕉，很有夏天万物疯长的味道。四只蜻蜓姿态各异，翩翩萦绕在茹叶上方。深受乾隆喜爱的画家余穉，画过一幅《端阳景图轴》（故宫博物院藏，图8-7），更为全面地渲染出夏日草长莺飞的情形——端阳时节大地回暖，日丽水暖的郊外，牡丹花、野菊花等植

图8-7 〔清〕余穉《端阳景图轴》局部

·绿树荫浓夏日长

物竞相绽放，青蛙、蟾蜍和蜻蜓等动物在阳光中跳跃、飞翔，一派生机盎然。

　　古时孩童们夏天的很多欢声笑语，其实也来源于这些可爱的小动物。戏蝶、捉蛐蛐、玩青蛙……他们总能玩得不亦乐乎。南宋苏汉臣的一幅《婴戏图》（"台北故宫博物院"藏）里，出现了孩童以团扇扑蝶的场景。"台北故宫博物院"藏宋代苏焯《端阳戏婴图》中，三个粉妆玉琢的胖娃娃正玩起青蛙。

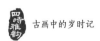

菖蒲酒美清尊共
—— 古画中的夏毒

　　万物疯长，展现灼灼的生命力，却也滋生毒虫，甚至由此带来疾病与灾祸。夏天重要的传统节日端午，就与其时的"毒"紧密相连。

　　农历五月初五的端午，最早应是卫生防疫节，其"恶月恶日"的民俗源头，比纪念屈原的文化意涵更为久远。古人认为盛阳是万"毒"之源，而彼时与夏至几近重合的五月初五"日叶正阳，时当中夏"，恰为一年之中毒气最盛的日子，因而被称为"恶月恶日"。每年这个时候，"阴阳争，死生分""暖气始盛，虫蠹并兴"，气由全阳状态而融入阴气，蜈蚣、毒蛇、蝎子、壁虎、蟾蜍等"五毒"出动，瘟疫易起，疾病易长。端午的很多重要习俗，如饮雄黄酒、沐兰汤、薰苍术、佩香囊、插菖艾、挂钟馗像等，也正是与蠲除毒气、扶阳抑阴、辟邪祈福息息相关。

　　画过《乾隆南巡图》《姑苏繁华图》的清代宫廷画家徐扬，还画过一套八页的《端阳故事图》册（故宫博物院藏），每一页都画有一种端午习俗。例如，《采草药》描绘的是每年五月初五中午人们为除病驱邪到山里采药草的情形——据说此时采来的草药具有奇效。头戴斗笠的父亲带着两个孩子出没在绿意盎然的深山里，一个孩子正俯身采摘，另一个孩子手捧草药递上前，父亲应是在稍事歇息，回头正欲掸去肩上的泥土，满满一竹筐的草药让他甚为心安——这是富有生活气息的画面。《悬艾人》（图8-8）铺开的是端午家家必插艾的习俗。宗懔

图8-8 〔清〕徐扬《端阳故事图》册之《悬艾人》

《荆楚岁时记》有云："五月五日……採艾以为人，悬门户上，以禳毒气。"画中，风和日丽，花繁叶茂，两位妇人牵起孩子走过院落门前，指着插于门楣、缕缕垂下的青青艾叶，像在说着什么。艾草具有一种特别的香味，有驱除蚊蝇虫蚁、净化空气的作用，与之类似的也包括菖蒲。《赐枭羹》的习俗今已不复存在。图中画有两位官员站在宫殿前的台阶上收受枭羹，互相躬身致意。自汉武帝起，端午就有赐枭羹给百官食用的做法。枭，指的是猫头鹰。相传猫头鹰除了偷小孩，还吃自己的母亲，被古人认为是罪大恶极的鸟。端午日吃枭羹，是为了以恶攻恶。农家院落里，妇人与孩子们一同包粽子的场景，出现在《裹角黍》。画上所题的"以菰叶裹粘米为角黍，取阴阳包裹之义，以赞时也"，揭示出端午的时令美食——古称为角黍的粽子，其间蕴含着阴阳调和之道。古时的粽子，内里是今天被称为黄米的"黍"，又名"火谷"，属阳；而包裹用的菰叶，指的是茭白叶，水生，属阴。

五月初五，还形成了与"岁朝清供"相对应的"端午清供"。这是文人雅士端午时节特有的仪式感。端午清供以时令植物为主，其中，谐音"午瑞"的"五瑞"形成了一个深受青睐的画题。具体是哪"五瑞"，其实没有定论，有说是菖蒲、艾草、石榴花、蒜头、龙船花，有说是菖蒲、艾草、石榴花、蜀葵、栀子，总而言之，是为了抑制"五毒"。这类绘画自宋代开始出现，明清时期尤为盛行。明代画家孙克弘以淡雅的"没骨法"绘《端阳景图》（"台北故宫博物院"藏），中央是三根艾草，蜀葵、栀子花、石榴花、枇杷萦绕在旁。明代画家陈栝所画的《端阳景》（"台北故宫博物院"藏）以古瓶呈丽景，瓶中的蜀葵、石榴花等夏日花卉灼灼其华，艾草隐于其后，显得有些低调，其间竟然还出现了蒜头。明代画家陆治的《端阳佳景》（"台北故宫博物院"藏）别出心裁地以户外的太湖石为中心铺开画面，石前为盛放的丛丛蜀葵，石后的石榴花斜斜地穿出，两旁配以山丹、灵芝，花卉以"没骨法"绘之，用色艳而不俗，富于园林之韵。写意之笔使明代画家陈嘉言的《端阳景》（"台北故宫博物院"藏）颇具野趣，花与石浑然交融，看似草草，实则生动。清初"画坛领袖"王时敏的《端午图轴》（故宫博物院藏）是罕见的墨笔清供图，菖蒲、蜀葵、玉簪、蔷薇等几种夏天的时令花木汇成一束，笔墨简练洁净，清新古雅。端午风物"全家福"，可见于清代画家郎世宁的《午瑞图》（故宫博物院藏，图8-9）。画家以近乎欧洲静物画的方式，不仅画有插着蒲草叶、石榴花和蜀葵花的青瓷瓶，还表现了盛有李子、樱桃的托盘——这正是盛夏的果实，散落一旁的几只粽子则最是点题。聚散有致、呈正三角形布局的画面，给人的视觉以工整、严谨的稳定感，有别于传统国画中的清供图。

挂钟馗画像，也在端午形成风俗。显然，人们希望能借擅长捉鬼的钟馗镇宅驱邪。"画圣"吴道子就凭借钟馗惊众人，还以"钟馗样"流行于世。钟馗像原本是门神画，通常绘制于岁末，用以祈福新年。

图8-9 〔清〕郎世宁《午瑞图》

　　绿树荫浓夏日长

有意思的是，到了明清之际，画钟馗也多集中于端午。有学者研究发现，创作于万历丙午年（1606）端午前一日的明代李士达的《钟馗图》，或许是最早在端午前后创作的钟馗画。此画为美国艺术史学者高居翰所旧藏，画中钟馗穿官袍、登革靴，双手持笏板，双目圆睁，斜眼盯着身前一赤裸上身、仅着短裤、赤脚的小鬼。

金素

· 最是橙黄橘绿时

高

晴空一鹤排云上
——古画中的秋山

　　步入秋天，秋风送来凉爽的同时，气候也逐渐变得干燥。因而，"秋高气爽"成为人们对于秋天体感的第一印象，诚如杜甫在《崔氏东山草堂》中所写的"爱汝玉山草堂静，高秋爽气相鲜新"。这样的秋天，有其豪迈的一面，尤在暑气消去、萧瑟未至的初秋。难怪，刘禹锡在《秋词》中感叹："晴空一鹤排云上，便引诗情到碧霄。"

　　秋天的山峦，成为承载秋高气爽特质的绝佳载体。北宋画家郭熙在《林泉高致》中对于秋山的描绘是"明净而如妆"，点出其云气淡薄、山林明净的表征。在中国传统绘画中，"秋山图"可谓山水画的重要表现内容，其中不在少数者表现的正是令人心旷神怡的秋高气爽之景。

　　郭熙本人画过的《秋山行旅图》（"台北故宫博物院"藏，图9-1），就是颇具代表性的一幅。画中秋山格外明净，以山腰凹陷的方

图9-1 〔北宋〕郭熙《秋山行旅图》

最是橙黄橘绿时

法衬托山峰高远耸立的势态，显得秀拔飘逸，岩石则以卷云皴绘出一种流动的感觉。山间构楼阁，山脚下丛树掩映着村居。溪桥上、山径间有往来的行旅，人物虽小，却为画面增添了难得的生气。

五代巨然的《秋山问道图》（"台北故宫博物院"藏）更像是可以走近的秋山景观。画上主峰居上，几出画外，梳状山峦，重重相拥，愈堆愈高，现出清晰的结构、分明的层次。在画面中部的密林之中，若隐若现有茅屋数间，林麓间小径萦绕，曲径相通。透过敞开的柴扉，隐约似可辨出茅屋中两位老者相对论道，明净山色的渲染衬托出高士风采。画面下段，坡岸逶迤，树木婀娜多姿，水边蒲草被微风吹得轻轻摇摆，秋高气爽之感顿现心中。

融合南北风格、开创武林画派的明末画家蓝瑛，善写秋景。他有一幅长逾2.7米的《秋山幽居图》手卷（旅顺博物馆藏，图9-2），绘于崇祯四年（1631）中秋，表现出江南山溪的明净秋景，亦尽显其独到的笔墨工夫。全图水山一体，相环相绕，布景繁复而错落有致，溪

图9-2 〔明〕蓝瑛《秋山幽居图》手卷

水平静宽阔，矮山连绵不断，远处烟岚弥漫，鸟儿贴近水面飞翔。图中树木古茂劲拙，未见凋零之象，画家以顿挫有致的用笔勾勒山石树木，树木以点叶、鹿角、蟹爪、介字、个字等技法画出，山石以淡墨皴染，除用小斧皴外，主要以作者独创的荷叶皴画出。只见山石被组合成明确锐利的小造型，累积成连绵的山势，显得简洁明了，与中秋时节趋凉却未寒的气质契合得恰到好处。

九月九日眺山川
——古画中的登高

秋高气爽之际，宜出游赏景，感受天地自然的变化，因而衍生出与踏春相对应的踏秋，辞别青绿，以抒怀抱。而其中，登高远眺却是秋天独有的，尤当农历九月初九重阳佳节。在《九月九日忆山东兄弟》中，王维以"遥知兄弟登高处，遍插茱萸少一人"悄然点出重阳登高的传统。在《九月九日登玄武山》中，卢照邻以"九月九日眺山川，归心归望积风烟"直接记述重阳登高的情形。

重阳为什么讲究登高？除了明净的秋日视野开阔，适合极目远眺，也便于获得心旷神怡的体验，这一习俗还与古来驱邪祈福的传统有关。在古代中国人的认知里，九是最大的阳数，名为重阳或重九的农历九月初九更是了不得。这一天，有地气上升、天气下降的说法。为避免接触邪气，人们会在重阳登高避邪或祈福增寿。事实上，重阳登高的本意应为强身健体、舒展心胸，重阳所崇之"高"的具体内蕴，正是众人祈盼的健康长寿。

饱览名山大川"搜尽奇峰打草稿"的明末清初画家石涛，自然不会错过登高题材。他留下一幅《王维诗意图》，融入唐代诗人王维《九月九忆山东兄弟》之诗意。画面群山辽阔，连绵起伏，层峦叠嶂，远景奇峰凸起，云雾缭绕，近景山石嶙峋，树木参差。山岩之间的房舍，便是画中人登高远眺之地。两位高士正于此品茗对坐，或对弈，或论道，感受天地之辽阔。整幅画面意境高远，笔情恣肆。画面左上方以古拙汉隶题有《九月九忆山东兄弟》一诗，左下落款则有"余以范宽笔意写之"。

有别于石涛重阳登高图中大远景构图、人物作为山水间"点缀"的画法，清代任伯年笔下的重阳登高让人们得以感受到古人登高一览众山小时的沉醉表情。这是故宫博物院所藏任伯年人物故事图屏中的一幅，绘的正是"九日登高"（图9-3）。此图截取登临的山峦局部，只见一位头戴官帽的文士站在半山之巅向下俯望，双手背在身后，一旁，一位童子替他拄着拐杖，一位友人则若有所思，似在尽情感受清风拂面。任伯年的人物刻画颇有特色，笔墨夸张辛辣，工写并重，中西结合，线条飞扬间尽显人物的豪迈气概。

郎世宁《雍正十二月行乐图轴》（故宫博物院藏）中聚焦九月的一幅（图9-4），将重阳节的重要活动登高与赏菊融于一图。其中与登高有关的场景位于画作上半部分。那起起伏伏的青绿山峦颇有古意，令

金秋 · 最是橙黄橘绿时

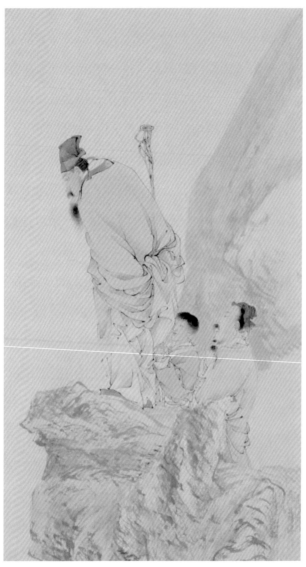

图9-3 〔清〕任伯年《人物故事图屏》之"九日登高"局部

图9-4 〔清〕郎世宁《雍正十二月行乐图轴》之"九月赏菊"

金 • 最是橙黄橘绿时

人不禁想起宋代天才少年王希孟的《千里江山图》。细细一看，山峦间现出一处较为平缓的岩台，约有男女老幼七人汇聚在这岩台，俯瞰天地，谈笑风生，好不快活。

万山红遍层林染

—— 古画中的秋色

"碧云天，黄叶地，秋色连波，波上寒烟翠。"（宋代范仲淹《苏幕遮》）秋色，涂抹出最为标志性的秋景。随着秋意渐浓，草木色泽悄然发生变化，由绿到泛黄，再到染上红色。在人们的认知中，"秋色"往往等同于斑斓的秋叶之色。这抹秋色也往往易于被历代画家所捕捉，幻化成凝固的风景。古代秋景画中正是有一脉倚重于用色，以鲜润的红树苍山显出明艳之貌。

最为惊艳的无边秋色，在传为五代人创作的绢本设色大幅立轴《秋林群鹿图》（图10-1）和《丹枫呦鹿图》（均由"台北故宫博物院"藏）中得以保留。传统中国画不以色彩取胜，尤其少见大面积铺染的金黄与丹红，这两幅图却似乎成为例外。在这两幅图中，林间红叶与微黄叶脉交织成如出一辙的红黄森林，这应是北国栎科树木形成的绚烂秋林，为秋色的丰富与诗意给出鲜活图解。在绢帛上，色彩铺

　　　　　　　　　　　　　　金素 · 最是橙黄橘绿时

图10-1 〔五代〕佚名《秋林群鹿图》传

得满满的，无一丝一毫空白处。在深深浅浅叶片交织的满眼秋色中，群鹿错落其中，有的回首张望，有的昂首站立，有的低头觅食，各有生动的形态，与沉静的秋林形成动静之间的微妙平衡。研究者发现《秋林群鹿图》和《丹枫呦鹿图》难以融入五代绘画体系，呈现出装饰艺术风格，认为它们或为大辽赠予大宋的礼物。

中国美术史上声名最为显赫的"秋色"，莫过于元代画坛翘楚赵孟頫的《鹊华秋色图》（"台北故宫博物院"藏，图10-2）。这是赵孟頫于1295年从大都回到故乡吴兴后为好友周密所画，画的正是周密的故乡济南一带的秋景，画境冲和平淡，解其思乡之情。画中两座山峰遥遥相对，右侧挺拔如利剑的华不注山，左侧平厚如牛背的为鹊山，俱为济南著名景点。两山之间，有平川洲渚，红树芦荻，竹篱茅舍，远水秋波。安详劳作的农人散见其间，或撑篙，或打鱼，或倚门，或漫步，四五只牛、山羊悠然自得。山体、洲渚、树木等多施以深浅不一

图10-2 〔元〕赵孟頫《鹊华秋色图》

的青色，水边、浅滩、屋顶、树干和部分树叶则以"浅绛法"染出赭、红、黄等暖色，也成为题名中"秋色"真正的落脚之处。冷暖交汇的秋景，既有清旷高洁，亦有明丽灿烂。赵孟頫此卷在笔墨、画风上呈现出较大的突破，被董其昌称为"一生得意笔"。他是在以阅读古画的经验与审美来构建自己的作品，糅合并修正了唐、五代、宋代画风，这幅画也深远地影响了后世画风。

秋日动人的不止北方风景。赵孟頫的外孙，同时也是元代绘画大家的王蒙，以《秋山草堂图》（"台北故宫博物院"藏，图10-3）为人们勾勒出有别于《鹊华秋色图》的江南秋色。王蒙笔墨善变且多有巧思，擅长画重山复岭之繁景，常用解索皴和焦墨点苔。在此幅图中，这些特点正是淋漓尽显。一溪两岸，高山崇岭，林木相错，茅屋草堂掩映其间，在画中画出一个颇见动势的反向"S"形。秋山茂林蓊郁，间有红叶点点，这红是先敷赭色，后以中国画特有的朱砂色由淡而浓积染而成，一派浑厚华滋。前景处草堂临水，数船星布，有渔夫在岸边捕鱼，有官宦在船头思忖，有妇人在纺车前劳作，有文人在室中读书……同是表现秋山、红叶、荻花、草堂、扁舟，《秋山草堂图》中的秋天相比《鹊华秋色图》，多了几分清新苍润，也多了几分人间烟火气。

更为典型的南方秋景，湖光山色、水石交融的秋景，共冶于明代仇英的《枫溪垂钓图轴》（湖南省博物馆藏）。题为"枫溪垂钓"，主角

图10-3 〔元〕王蒙《秋山草堂图》

最是橙黄橘绿时

正是水。曲曲折折的溪江，将画面一分为二，身着素色朝服的士大夫在轻舟上静坐垂钓。沿江层峦叠嶂，枫树红得醉人，如许秋色，为溪水添上几分妩媚。远处，有草堂、楼阁隐现于山间的丛林与流动的云雾中。作为"吴门四家"中的另类，仇英笔下的山水画工细而见气势，在华贵富丽的表象之外蕴含着浓重的文人情趣。其画法既可上溯南宋工整精艳的"院体画"传统，又融入文雅清新的趣味，此图正反映了仇英山水画的典型风格。

擅长没骨青绿重彩山水画的蓝瑛，留下了《丹枫红树图》（上海博物馆藏）、《白云红树图》（故宫博物院藏）、《红树青山图》（浙江省博物馆藏）等色墨交融得堪称粲然夺目的一系列秋景画。常见的青绿山水，用矿物质石青、石绿作为主色，而蓝瑛的秋景图以并用的青绿与红色，形成视觉上的对比张力。在这类画作中，蓝瑛自题的"仿张僧繇"或"法张僧繇"等字样，透露这种画法来自南朝名家张僧繇。据说重彩没骨山水画正是张僧繇发明的，可惜他的作品早已失传，有专家推测，蓝瑛应是从同样师法张僧繇没骨法的董其昌处习得此种技法，只不过蓝瑛将其进一步推进成熟，画面中的对比度相比董其昌迈了一大步，富于装饰美感，并加上白云元素，形成红树、青山、白云的固定面貌。其中，《白云红树图》（图10-4）可谓此类画作的典型。画面以连续的"S"形形成韵律感十足的构图。水岸边的村落，背倚着陡峭的山峰，迎来一个金秋。在连绵的山岗上，丛生的林木枝叶呈斑斓

图10-4 〔明〕蓝瑛《白云红树图》

五色，山间白云缭绕。近处有板桥一座，身着白袍的长者，手持拐杖，行过板桥。没骨法绘就的画面，山石由石青、石绿敷成，浓艳的红、黄、青、绿点出树叶，白粉渲染出云岚烟霭。正是浓重丰富又典雅不俗的色彩，让文学描述中的"层林尽染""万山红遍"有了可以感知的形象，也让此画在艺术史上独具辨识度。

满城尽带黄金甲
——古画中的菊花

    若要择一种花卉为秋天代言，菊花定将以高票当选。《礼记·月令》曰："季秋之月，鞠有黄华"，点出菊花往往在深秋绽放。这样一种花，不与春花争艳，亦不惧风霜侵袭，为秋日添上温暖而明媚的色彩。唐代杜甫诗曰"寒花开已尽，菊蕊独盈枝""凌霜留晚节，殿岁夺春华"，成为其真实写照。

    并且，菊文化的源远流长或许超乎人们的想象。菊花可谓中国栽培历史最为悠久的传统名花，距今三千余年，中国栽培菊花的文字记载，最早见于《周官》《埤雅》。菊谱在中国现存花卉专谱中也是为数最多的，多达三十余部，最早者为北宋刘蒙所著的《菊谱》（1104），这也是世界第一部艺菊专著。屈原在《离骚》中以"夕餐秋菊之落英"歌颂菊花的高洁；陶渊明在《饮酒·其五》中以"采菊东篱下，悠然见南山"描摹理想的田园生活；黄巢在《不第后赋菊》中以"冲天香

    金素 · 最是橙黄橘绿时

阵透长安，满城尽带黄金甲"写满城菊意，也抒满腔抱负……古来热衷于表现菊花的画家，亦不在少数。

　　世间物象的性灵之美，凝聚在宋代花鸟画中。这样的画往往尺幅不大，多为团扇小品，却将精细的写实精神和空灵的审美情趣融合统一。画中赏自然界菊丛之美，南宋朱绍宗的《菊丛飞蝶图》（故宫博物院藏，图10-5）不容错过。古代画史著作《图绘宝鉴》称朱绍宗"工人物猫犬花禽，描染精邃，远过流辈"。此图是其唯一流传至今的作品，绘丛菊盛开，花分黄、白、蓝、紫四色，构图繁复，灿若文锦。虽是

图10-5　〔南宋〕朱绍宗《菊丛飞蝶图》

篱边野景，却饶富贵典雅气象。蜜蜂逐花而至，蛱蝶上下翻飞，为画面增添了动感。花瓣、叶片的勾染皆极为精工，花心用白粉点染，立体感很强，望似凸出于绢素之上。

瓶插秋菊，则更见雅致。"清末海派四杰"之一的虚谷，有幅绘于光绪八年（1882）的《瓶菊图》轴（故宫博物院藏，图10-6）。画面以匠心独运的构图，设置了高低错落的花瓶和茶壶。瓷瓶是淡淡的绿色，里面插有几束黄而不艳的秋菊，"S"形走势排布令画面富有活力，大小适中的花朵与叶片间杂，形成多层次的节律变化。右下方的茶壶是幽幽的淡蓝，壶形圆润，造型文气。虚谷的笔墨老辣而奇拙，运用干笔偏锋，敷色以淡彩为主，形成冷峭新奇、隽雅鲜活的风格。

菊花傲寒的品格，尤为文人画家凝于笔端。明代陈淳喜

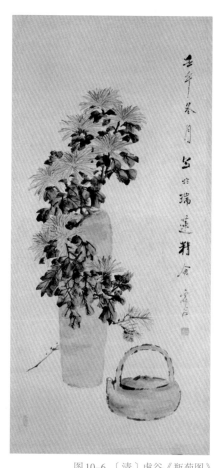

图10-6 〔清〕虚谷《瓶菊图》

图10-7 〔明〕陈淳《竹石菊花图》

以菊花配竹石作画。石固、竹清、菊淡，人生的骨气与超然，俱在其中。上海博物馆藏有的一幅《竹石菊花图》（图10-7），湖石以淡墨飞白出之，疏秀幽淡，加之浓墨石背、焦墨墨竹，故而对比强烈，妙得玲珑剔透之感，菊花以淡墨晕染勾勒，文人气息浓郁。清代石涛《菊花图》（广东省博物馆藏）以水墨写意画法作菊花，笔简墨淡，笔情恣肆。花枝均由画面右方延展出来，颇有动感，俨然是在飒飒风霜中绽放的景象，左边则配以诗文题跋，记述菊花耐寒高洁的品性。

秋日，古人很多习俗也围绕菊花而展开，如赏菊踏秋、赠菊祝寿、采菊酿酒、饮菊花酒、汛茰簪菊。北宋小景山水画家赵令穰留有《陶潜赏菊图》（"台北故宫博物院"藏），画下陶渊明赏菊的故事。蜿蜒曲折的水岸将画面沿对角线一分为二，山坡、树木、房舍、小径均位于左上部分，叶子的金黄色泽点出

秋天的背景。两位文士对坐
于小亭中，悠然欣赏着身边
开得正好的菊花。全图清丽雅
致，颇有诗意。相比《陶潜
赏菊图》，清代高凤翰《半亭
对菊图》（天津博物馆藏，图
10-8）的笔墨则更为松弛写
意。画题中的"半亭"，是高
凤翰晚年的字号，他因右手病
废而改此名。此图其实俨然画
家的自画，寄寓着自己的人生
体悟。画中，远山若隐若现，
近处是遒劲的松枝，簇簇开放
的秋菊随处可见。在山坳间的
茅亭里，有位文士席地而坐，
纵目远眺，得秋之气。喜庆热
闹的赏菊活动，可见于清代陈
枚聚焦宫廷嫔妃们一年十二个
月深宫生活的《月曼清游图》
册（故宫博物院藏）。其中描

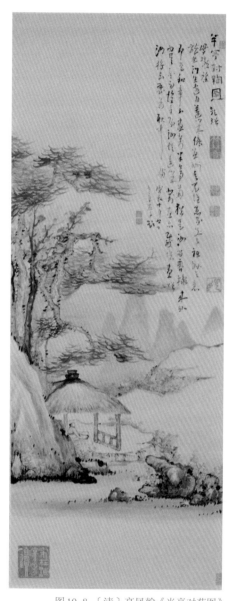

图10-8 〔清〕高凤翰《半亭对菊图》

绘的九月活动，正是重阳赏菊。图以界画手法绘宫廷院落一角，高高的树木已然泛红。在院子里，若干菊花盆栽摆放井然，有黄、橙、紫等多种颜色，构成引人注目的风景，引来七位小姐姐呼朋引伴、前来观赏。

玉阶桂影秋绰约
—— 古画中的丹桂

桂花亦是典型的秋花。"八月桂花遍地开"的俗语，点出它往往盛放在农历八月。《山海经》中已有关于桂花的文字记载："西南三百八十里，曰镐涂之山……其山多桂木。"而桂花的种植，早在西汉刘歆的《西京杂记》中即有描述："汉武帝初修上林苑，群臣皆献名果、异树、奇花两千株，其中有桂十株。"

个头小小，一丛丛、一簇簇，挨挨挤挤，秋日里，桂花往往以嗅觉"刷足"存在感——循着空气中四溢的香甜味道，人们这才抬眼看到满树金黄，找寻到它的踪迹。"暗淡轻黄体性柔，情疏迹远只香留"，桂花的香味与形态，尽在宋代女词人李清照的这两句词中。"薰彻醉魂清入骨，敢言天下更无香"，南宋宰相杜范对于桂花香气的盛赞更给了人们无尽想象。

香港艺术馆藏有岭南花鸟画鼻祖、清末画家居廉所绘的金笺设色

《十香图册》，画题中的"十香"，据说是因画家居住地园内种有十种香花而得名。其中一页画的正是桂花。此画带有写生的成分，让人们得以近距离窥见桂花的形态——只见从左下伸展而出的枝叶多呈长椭圆披针形，边缘有锯齿；花簇生，淡黄色，多呈四瓣，每瓣细小如米粒，像是叶片的点缀，却又自带清幽的氛围感。

古画中的桂花，常常与其他时令风物共融于一画。桂花、秋菊、绶带鸟、八哥，于明代宫廷画家吕纪《桂菊山禽图》（故宫博物院藏，图10-9）中同框。工整鲜丽的画法，继承了宋代"黄家富贵"的宫廷"院体"花鸟传统，而工笔重彩的花鸟与粗笔水墨的树石相间，也反映了吕纪兼工带写的成熟花鸟画风格。桂树干粗叶茂，枝头簇簇金黄，似散出阵阵幽香；石畔数丛菊花，红、黄、粉、白，色彩斑斓，竞相斗艳；枝头八哥相对鸣叫，有着深蓝色羽毛的绶带鸟身姿优美，分外夺目。这些物象既勾摹出充满生机的秋日即景，又形象地营造出喜庆、吉祥的意趣，反映出皇家的艺术审美。桂花与紫薇这两种初秋之花，则于清代恽寿平的《桂花紫薇图》（"台北故宫博物院"藏）上竞相争艳。这是一幅扇面小品，花枝穿插，黄色的桂花花瓣与红色的紫薇花瓣繁复重叠，缤纷艳丽，醉人的花香仿佛扑面而来。花卉多用钩染，设色富于层次变化，叶片采用"没骨法"，叶脉向背清晰，颇见写生之妙。画中自题："红薇晓艳，金粟秋香。"

桂花树与玉兔更是在绘画传统中形成了固定搭配。在传说中，它

图10-9 〔明〕吕纪《桂菊山禽图》

最是橙黄橘绿时

们都是月宫里的常住居民，陪伴着吃了长生不老药的嫦娥。清代画家李世倬的《桂花月兔图》（故宫博物院藏）中，一只白兔居于画面右下方，其仰视的目光，牵引至左上角被桂树叶遮掩的半轮月，让人不由联想起白兔、桂花树与明月之间的美好传说。清代画家蒋溥也画过一幅《月中桂兔图》（故宫博物院藏，图10-10），以墨笔绘圆月，玉兔与桂花树皆在圆月里。其中，玉兔以干笔写皮毛，焦墨点睛，生动可爱，桂花树以墨笔绘枝、叶，笔法细腻老道。有别于《桂花月兔图》的是，此树开满桂花，以橘黄色点染的花瓣用温暖的色调为冷月寒宫增添了几许暖意。画作上有多首题诗，其中"冰轮""兔轮""广寒""重轮"等语，皆为月亮与玉兔的隐喻，巧妙将诗、书、画三者紧密结合，演绎月中玉兔、桂树的优美传说。

图10-10 〔清〕蒋溥《月中桂兔图》

蓼岸风多橘柚香
——古画中的柑橘

秋日的金黄，同样在于这一季原产于中国的时令水果——柑橘。柑橘往往成熟于深秋，为秋燥天带来酸甜的滋润。《尚书·禹贡》有"厥包橘柚锡贡"等记载，说明在四千年前的夏朝，已有橘、柚(香橙)的栽培，并把橘柚作为贡品。南宋韩彦直著有《橘录》，可谓世界上最早有关柑橘的专著。

"后皇嘉树，橘徕服兮。受命不迁，生南国兮……"屈原的《橘颂》，是中国最早的咏物诗，糅入作者的情感与生命观照，为橘树注入"独立不迁""秉德无私""行比伯夷"等君子品德。苏轼的一句"一年好景君须记，最是橙黄橘绿时"(《赠刘景文》)，描摹了柑橘挂满枝头的欣欣向荣，也绘出易于感知的深秋迷人风景。予人关于柑橘更多想象的，是王羲之两行十二字的书法《奉橘帖》。这是"书圣"给朋友送去三百个橘子时随手写下的"便条"："奉橘三百枚，霜未降，未可多得。"由此可见，王羲之对吃橘子十分在行。

尽管爱橘者甚多，俗作"桔"的"橘"也有"大吉（桔）大利"
之意，然而，古代画史上表现柑橘的作品屈指可数，不知是否与其敦
实甚至有些笨拙的形象不大符合文人审美有关。

已知几幅主题为橘的古画，无一例外出自宋代。宋代绘画中，尽
显"格物"精神。花鸟蔬果草虫等自然界万象，在宋画中几乎都能找
到，并且多是精微的大特写。宋代佚名的《香实垂金图》（"台北故宫
博物院"藏，图10-11）绘深秋橘枝一角，上缀柑橘两枚。远远望去，
硕大圆润、丰盈饱满的果实仿若圆月。细细端详，则足以窥见柑橘的
圆形其实是不规则弧线连成的，橘皮现出斑驳纹路，让人感受到其沉
甸甸的体积感。此图双钩
设色，敷色晕染，工力俱
深。画中果叶疏密有致，
卷曲掩映，使柑橘的分布
颇有层次感。另一幅与之
相类似的橘画是南宋马麟
的《橘绿图》团扇扇面
（故宫博物院藏）。画中，
橘枝从画面右方伸出，缀
在枝梢的柑橘除了两只显

图10-11 〔南宋〕佚名《香实垂金图》

金秋·最是橙黄橘绿时

而易见已然熟透的，还有两三只尚未饱满、掩映在枝叶背后的。画家以粗细匀整的用笔流畅勾画出橘叶的外形轮廓，并以黄绿色填涂叶面，侧、转、反、正的种种姿态又为全图带来灵动的节律。橘子的画法一改平涂晕染，直接以笔着色粉戳染成形，从而生动表现出橘皮粗糙不平的质感。还有南宋鲁宗贵《橘子、葡萄、石榴图》(波士顿艺术博物馆藏)，以精细、沉着、写实性极强的技法将橘子、葡萄、石榴三种水果绘于同一画面，寄寓多子多孙的美好愿望。

更显秋意的橘画，是表现一整片金黄橘林的北宋赵令穰的《橙黄橘绿图》("台北故宫博物院"藏，图10-12)。画作以平远法构图，虽为扇面小品画，却再现了苏轼"一年好景君须记，最是橙黄橘绿时"之诗意。画中可见潺潺溪水自远而近，穿过雾色苍茫的平野，两岸橘林千顷，黄果绿实颗颗醒目。三三两两的水鸟像被这丰饶的景象吸引，自在地悠游于汀渚之间。

图10-12 〔北宋〕赵令穰《橙黄橘绿图》

柿叶翻红霜景秋

——古画中的柿子

典型的秋果，还有金黄饱满的柿子。秋天与柿子的适配度，在古代诗人笔下有迹可循："柿叶翻红霜景秋，碧天如水倚红楼"（唐代李益《诣红楼院寻广宣不遇留题》）、"芦花雁断无来信，柿子霜红满树鸦"（宋代何梦桂《秋思有感》）、"露脆秋梨白，霜含柿子鲜"（明代蔡文范《自瀛德趋东昌道中杂言八首》）……

秋季的尾声，霜降前后，正是柿子成熟季。俗语有"霜降不摘柿，硬柿变软柿"。到了霜降，柿子皮薄肉鲜、汁多味美，若不采摘，便会因霜打而变软，自行脱落。不过，经霜的柿子其实更为甜美可口，以糖分对抗寒冷，俨然启动了"防冻保护模式"。

可惜，柿子尽管在古代秋日生活中频繁出镜，却并不多见于古画；并且，它们于古画中的形象，大多是超脱于季节的存在。然而其造型，却又实实在在来源于现实的秋日生活。

难以揣测深远影响了日本美学的南宋画僧牧溪，是在何等情形之下画下《六柿图》（日本京都大德寺龙光院藏，图10-13）。不过单单画中这几个柿子，已让这种水果获得了超越时空的恒久意味。这幅画也被认为是牧溪最具禅机的作品。

　　不见背景，只见六个柿子一字排开的《六柿图》，用单纯的墨色勾勒点染而成，沉静至极，很容易让人联想起莫兰迪的静物画。在六个柿子中，右数第二个、第三个墨色最深的近乎方形，两端的两个如

图10-13　〔南宋〕牧溪《六柿图》

白描般仅以淡墨勾勒，中间留
白，呈圆形，剩下的两个呈不
同灰度的墨色，其中左数第三
个略微靠前，形状是这些柿子
里最为扁圆的。它们看似随意，
却又蕴含着秩序。形状、浓淡、
大小不一的六个柿子，引发了
人们的种种解读。有人认为这
是方圆、虚实对比的艺术规律
呈现；有人从中看到不同人的
生命状态甚至是无念、无相
之意。

　　柿子更多是作为吉祥的化
身出现在古画中——以"柿"
代"事"，古人们钟爱以柿子寄
寓事事如意、百事如意的祝愿。

　　画下《荔柿图》轴（故宫
博物院藏，图10-14）的沈周，
对生活有着细致的观察。他的
这幅画是水墨小写意，乍一看

图10-14　〔明〕沈周《荔柿图》

如写生而得。只见荔枝与柿子这两种正在生长的植物于画面交错，柿子在下，荔枝在上，果实均缀满枝头，呈累累之势。两者的叶片各具姿态与形状，与纤细的枝条叠交出复杂而多变的小空间。

荔枝的成熟期最晚不超过盛夏，显然现实生活中的它无法与柿子同框。沈周画《荔柿图》轴，不是生活经验匮乏的想当然，而是另有所指。荔柿，谐音"利市"，取的是新春贺喜祝吉之意，沈周此画也的确绘于元旦。

图10-15 〔明〕朱见深《岁朝佳兆图》局部

明宪宗朱见深所绘的《岁朝佳兆图》（故宫博物院藏，图10-15），亦以入画的柿子，埋下谐音梗。这是一幅钟馗图，他一手持如意，一手扶在小鬼肩头，以犀利的目光紧盯着飞来的蝙蝠，小鬼双手捧着的托盘里，正是盛有红彤彤的柿子和苍翠的柏枝，寓意"百事如意"。

紫蟹霜肥秋纵好
—— 古画中的螃蟹

　　说巧也巧，秋日，就连最有代表性的时令吃食都是金黄色的，那便是螃蟹。这个季节，螃蟹黄多油满，正是肥美之时，因而有食家言"秋天以吃螃蟹为最隆重之事"。并且，这应当算得上吃食中的"顶配"了，素有"一盘蟹，顶桌菜"的民谚。

　　自魏晋以来，秋日吃螃蟹便成为时尚和风雅的象征。《世说新语》中写到过一位名叫毕卓的名士，他留下这样的名句："一手持蟹螯，一手持酒，拍浮酒池中，便足了一生。"《红楼梦》第三十八回浓墨重彩写螃蟹宴，上至贾母下至丫鬟聚在藕香榭的桂花树下，喝酒吃蟹、作画吟诗，这可谓大观园里最热闹的一场私宴。李渔在《闲情偶寄》中自称以蟹为命，一生嗜之，该书饮馔部"肉食"类目中，篇幅最长的也正是"蟹"这一条。

　　江南的大闸蟹是为一绝。明代吴门画家沈周不仅好吃蟹，也爱画

　　　　　　　　　　　　　　　　　金秋 · 最是橙黄橘绿时

蟹。《郭索图》（"台北故宫博物院"藏，图10-16）便是其中一幅。

"郭索"，原初用以形容螃蟹爬行的声音，日后成为螃蟹的代名词。图绘清水大闸蟹一只，坚实如锯齿般的双螯如钳子般夹住稻穗，蟹壳尖楞突出，爬沙横行于水草之间。沈周以淡墨画蟹壳、蟹脚，焦墨画爪尖和蟹壳凸凹，浓墨渲染双螯，画面简约，却活脱脱勾勒出螃蟹有些狰狞又可爱非常的形象。这位画家的花鸟画题材，往往呈现出对生活发现的广度，此幅《郭索图》正浸润着一种世俗生活意识。

明代画家徐渭也是画蟹高手，那肆意放纵的画法像是天然为螃蟹张牙舞爪的特质代言。他有一幅《黄甲图轴》（故宫博物院藏）留名画史，画名中的"黄甲"正是代指螃蟹。画中，肥阔的荷叶开始凋零，显得有些萧疏，一只螃蟹缓缓爬行，居于画面下方，留出的大片空白予人关于秋水的遐想。徐渭以淋漓的墨色画荷叶，蟹的造型看似草草为之，寥寥数笔，实则参用浓、淡、枯、湿、勾、抹、点多种笔法，饶有笔情墨趣。画上自题诗曰："兀然有物气豪粗，莫问年来珠有无。养就孤标人不识，时来黄甲独传胪。"画家这是在以黄甲讽刺科举及第者的徒有外表、空无才学。徐渭的不少蟹画都配有题诗，如："稻熟江村蟹正肥，双螯如戟挺青泥。若教纸上翻身看，应见团团董卓脐。""谁将画蟹托题诗，正是秋深稻熟时。饱却黄云归穴去，付君甲胄欲何为。"从中可知，他笔下的蟹多有双关之意。

蟹之深秋即景，更活泼地呈现于清末任伯年的画纸上。他的《把

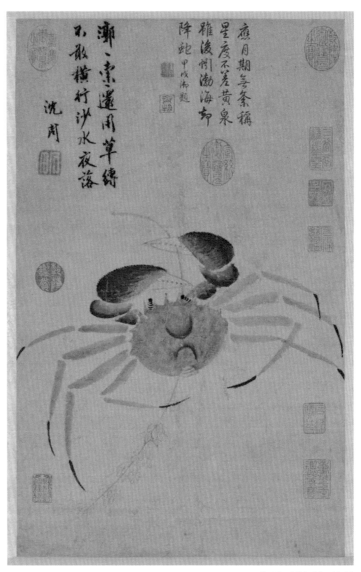

图10-16 〔明〕沈周《郭索图》

最是橙黄橘绿时

酒持螯图》(天津博物馆藏，图10-17)，集醉蟹、菊花、酒壶于一图，画出持螯赏菊的快意。这些物象的组合颇有些传统文人清供画的味道，不过任伯年雅俗共赏的艺术风格显然令其别开生面。他在取法传统色彩的基础上，吸收了民间绘画色彩鲜艳夺目、对比强烈的特点，同时借鉴了西方色彩中的冷暖色调，形成和谐统一、艳而不俗的画风。此图中几只煮熟的螃蟹，色红似火，鲜艳夺目，一旁的酒壶以暗青与之形成冷暖对比，盛开的黄菊、白菊置于暗赭色的篮中，由墨色菊叶映衬得格外清妍。

清代画家孙温耗时三十六年以重彩工笔绢本画形式创作的全本《红楼梦》(旅顺博物馆藏，图10-18)中，还曾将"藕香榭饮宴吃螃蟹"的经典桥段搬上画面。画中，饮宴的亭榭宛在水中央，贾母携众多女眷围坐在圆桌前，桌上黄澄澄的螃蟹分外显眼。远处金黄的树叶以及水中有些凋零的荷叶无不透出秋意。画面基调清雅明朗，大至亭台楼榭、花木水石，小至屏几桌榻、书画文玩，皆精心描绘，足见匠心。以热闹的螃蟹宴作为载体，人们感受到的其实是属于秋日的人间欢愉。

图 10–17　〔清〕任伯年《把酒持螯图》

图 10–18　〔清〕孙温《红楼梦》局部

满

稻花香里说丰年
——古画中的秋收

"春种一粒粟,秋收万颗子。"秋天,是成熟的象征,也是收获的季节。五谷丰登,稻穗满仓,瓜果飘香,看得人们满眼欢喜,印证了辛弃疾诗词写的"稻花香里说丰年"。如此美满的场景,自古以来一年一度,应该也值得以图像的方式记载。

已发现的汉代画像砖中,涉及农业生产劳动的题材相当丰富,为人们一窥古代生产劳动的面貌提供了宝贵的一手资料。中国国家博物馆藏有的一块汉代《收获渔猎画像砖》,出土于成都扬子山,下半部分正是收获图。图中可见肩挑稻捆、用手镰掐穗和用钹镰刈除稻秆的场面。其中左边割穗的三人单手使用手镰,右边两人在用大钹镰除去禾秆。与之类似的画像砖四川博物院亦有收藏,名为《东汉收获弋射画像砖》,出土于成都安仁镇,收获图同样位于画面下方。只见一片稻田里,前二人以镰刀割禾,后三人俯身张臂,正割谷穗,最后一人正提着食具走开，似乎正给田地里辛勤劳作的人们送去热气腾腾的饭菜。尽管画面朴实平淡，甚至形象中带有几分抽象的装饰性，这些汉代画像砖却不仅还原了生动的秋收情节，还让人得以一窥当时的收获工具。

更为具象化的秋收场景，藏在历代众多《耕织图》中。其中的耕图部分，通常将一年四季整个耕作的全过程一一图解。摹写农家丰收盛况与喜悦氛围的，集中在收刈、登场二图，前者指的是稻谷成熟后的收割，后者指的是将稻捆于空地堆积成谷垛，暂时安置晾晒。且以清代陈枚的《耕织图》（"台北故宫博物院"藏）来一探究竟。《收刈》（图11-1）一图中，在骄阳似火的天气下，八九位农人正在一块田地里忙着收割，汗流浃背。有人挥着镰刀，有人抱起稻穗，还有人将割下来的稻穗扎成捆，一担一担挑到稻场。他们身后，好几块田地已然收割完毕。远处的房舍前，有妇人与孩童左顾右盼，似乎正在等待农人归来。再看《登场》一图，高高的谷垛在画面左下方堆起，有农人攀梯而上，立于谷垛上，正伸手接过同伴递来的稻捆。值得一提的是，这个系列的《耕织图》中都出现了化身农人的雍正，他在《收刈》中撑伞遮阳，似在指挥田地里的农人加紧收割，在《登场》中则向上举着蒲扇，似为烈日下站在谷垛上的农人扇着风。这些秋收场景不是孤立的，而是循着耕种、插秧、灌溉等工序一路走来，形象地诠释"一分耕耘一分收获"的道理，让人深味"粒粒"为何"皆辛苦"。

微观的丰收即景，亦在古画中有迹可循。

图11-1 〔清〕陈枚《耕织图》之《收刈》

　　饱满的谷穗便是最具诠释力的物象。元人《嘉禾图》（"台北故宫博物院"藏，图11-2）强烈又素朴，绘于画幅中央顶天立地的嘉禾，主要采用没骨勾染，以赭墨、花青等颜色将茎叶和谷穗直接画成。这嘉禾，指的是生长茁壮的禾稻，稻生双穗甚至多穗，被认为是一种祥瑞的兆头。画中这丛嘉禾，足有周围一般禾稻的约三倍高，它们挤挤挨挨汇成一束，尽显挺拔向上之势。同时，谷粒的色泽更为深沉，形态更为饱满。这幅画高1.9米，有学者揣测它或许是当时的一幅壁画，

图11-2 〔元〕佚名《嘉禾图》

金壶 · 最是橙黄橘绿时

悬挂于某个庙堂或宫殿。

而这样一类画也或出自统治者的授意，用祥瑞现象宣扬国运昌盛。据《元史本纪》记载，赵孟頫曾在元代统治者的授意下绘过嘉禾图："九月［注：至大二年（1309）九月］，河间等路献嘉禾，有异亩同颖及一茎数穗者，命集贤学士赵孟頫绘图，藏诸秘书。"可惜，这幅图今天已无缘得见。明宣宗朱瞻基的《嘉禾图》（"台北故宫博物院"藏）佐证了统治者的这样一种意图。这是插于蓝色贯耳琉璃瓶中的一束嘉禾，以一秸五穗象征五谷丰登。

饱满的谷穗也往往与灵动的鸟雀昆虫组成CP，深化这幅丰收图。以红白芙蓉最是留名画史的南宋画家李迪，画过一幅富有乡村风味的《谷丰安乐图》（"台北故宫博物院"藏）。画中，一株稻禾因结满颗颗饱满的谷粒，而沉沉地弯垂了下来。麻雀们争相飞来，三只已啄起稻谷。雀鸟们顾盼的姿态与弯垂的稻禾彼此呼应、连成一气。麻雀啄食稻谷，在民间有丰收的意味，正应了那句"秋收仓廪足，不怕瓦雀多"。明末画家项圣谟的《群雀稻蟹图》（南京博物院藏，图11-3），看似与《谷丰安乐图》有异曲同工之妙。图绘秋日稻田，田边花草丛生，成熟的稻穗似在微风中散发清香。燕雀飞来，正在啄食稻穗，肥硕的螃蟹则悄悄爬上坡岸，张牙舞爪。从画中题诗"群雀争飞聚不休，无肠多作稻粱谋。湖田未耨官租急，几许忧勤得有秋"可知，画家笔下的这一幕实则另有深意，旨在揭露彼时的官吏对农民的盘剥。这也

图11-3 〔明〕项圣谟《群雀稻蟹图》

金秋 · 最是橙黄橘绿时

正显示出院体花鸟与文人花鸟的不同之处——前者以描写的精细注重形似，后者讲究借形寄意，借景发挥，充满隐喻性的表达。清代杨大章的花鸟册有幅《稻穗螳螂》（"台北故宫博物院"藏），画中稻穗秀实，结谷累累，引来喜食植物的蝗虫和金花虫攀附其上。画中的蝗虫被乾隆误以为是螳螂了，还在画上大笔一挥，留下御笔题诗："八月西风稻熟时。偏幡长穗伙累垂。螳螂本不为举吻。也自欣缘倒下枝。"这令清宫著录《石渠宝笈》的大臣不免为难，只好将错就错，将此定名"稻穗螳螂"。

平分秋色一轮满

——古画中的中秋

　　秋日里，不仅有颗粒归仓的丰满，还有人月两圆的美满。那便是在这一季重要的传统佳节——中秋节，农历八月十五。

　　"十二度圆皆好看，其中圆极是中秋。"一年十二月，每月农历十五都将迎来一轮满月，而中秋节的满月自古以来在人们心中意义非凡，承载着团圆的文化内涵，凝结成特定的心理符号。"中秋"一词，最早见于《周礼》。不过，直到唐朝初年，中秋节才成为固定的节日，自宋代开始盛行，明清时期的隆重程度甚至仅次于春节，在时光的淬炼中呈现出丰富多态的面貌。无论什么样的节庆活动，可以说都暗合着秋夜满月所唤醒的一种共同心理，都以幸福美满的生活作为指归。

　　关于中秋节的起源，流传着一种说法。人们认为它与秋分祭月、拜月等上古天象崇拜息息相关。古有"春祭日，秋祭月"之说。《礼记》载："天子春朝日，秋夕月。朝日之朝，夕月之夕。"这"夕月之夕"，指的正是秋分之夜祭祀月亮，以消灾祈福，因而秋分又有"祭月节"之称。事实却是秋分之日未必赶上圆月，难免留下遗憾。渐渐地，"祭月节"由秋分移至中秋。五代时期一幅佚名的《浣月图》（"台北故宫博物院"藏，图11-4），画的正是古代中秋拜月祈福之场景。图中，明月皎洁，高悬天际，在幽深的庭院里，一位身着盛装的妇人与

图11-4 〔五代〕佚名《浣月图》

三位侍女正在举行拜月仪式。妇人正手捧明珠，欠身欲取水涤珠，侍女则或临案焚香，或捧奁，或荷琴，神情无不庄严静穆。明代画家杜堇也以《祭月图》（中国美术馆藏）表现过类似场景，并且比《浣月图》更为宏大。假山竹石之下，参与祭月之人多达十来位，画中面向月亮而设的一张大大的祭案最是引人注目，案上可见月饼、月果等圆形供品。祭月仪式讲究使用圆形的果饼，用以象征满月。这种果饼其实也正是月饼的雏形。

中秋节最具代表性的活动还是赏月，这样的传统绵延了上千年，保留至今。中秋之夜，秋高气爽，夜空如洗，月明星稀，清辉洒满大地，从天气角度而言，也的确是赏月的绝佳时期。与赏月相伴的，还有团圆聚会、纵酒欢宴、通宵游玩等，甚至带有狂欢的性质。宋代《瑶台步月图》页（故宫博物院藏，图11-5）描绘的是中秋佳节仕女登上瑶台相约赏月的情形。三位姿态优雅、穿着考究的仕女以及两位侍女，围聚在瑶台之上。她们或捧酒壶，或托茶盘，相互隐约在私语，似在为赏月做着准备。图

图11-5 〔北宋〕刘宗古《瑶台步月图》

金秋·最是橙黄橘绿时

中呈现的尽管只是作为人物活动背景的瑶台局部，但从深棕色嵌玉栏杆、莲花柱头装饰等细节能够分明感受到楼阁的恢宏与敞阔。"琼台玩月"，也是清代陈枚《月曼清游图》册（故宫博物院藏）中聚焦宫廷嫔妃们农历八月的节令活动。图中赏月的仕女多达十人，其中四人位于回廊下，六人位于露台上，或半坐，或倚栏，或倾身，或指月，动作姿态各异。其中露台上高耸的障扇暗示着这群仕女身份之不凡。

相比宫廷赏月颇具仪式感的富丽，民间赏月则更显真性情的流露。在南宋马远传世精品《月下把杯图》（天津市博物馆，图11-6）中，赏月之地为空旷的山林，一轮圆月高挂空中，照得天地明亮皎洁。两位文士显然是画中赏月的主角，其中居于画面右侧的应为主人，恰逢远方多年不见的好友佳节来访，他面如春风，手中把杯迎友，好不畅快。他们的身旁共有四位童仆，一侍立待呼，一侍果备用，另一侍酒小童，正在回望另一侍琴上台阶的半隐文童，主仆六人俱神态各异。画面小中见大，平中生险，这份清幽中的欢愉仿佛足以穿越时空。"相逢幸遇佳节时，月

图11-6 〔南宋〕马远《月下把杯图》

下花前且把杯"的楷书诗句题跋，则出自宋宁宗的皇后杨氏。明代沈周《有竹庄中秋赏月图》（上海博物馆藏）展现的是画家在其居所"有竹庄"内平安亭与友人中秋饮酒赏月的情景。亭在山水、竹树之间，沐浴着高悬明朗的圆月之光，两人对坐举杯，不远处一位家仆正执壶朝他们走来，桥头探身的一只仙鹤别有韵致，为画面增添了几分清幽高旷。此卷由画与书共同组成，其中书法部分长近九米，为绘画的六倍。画家以七言律诗的形式，满怀激情地抒写自己与友人中秋赏月时的心情。

对于赏月之主角——一轮满月，竟然还有古画以显微镜般的笔法加以对焦，直接表现其光华。这便是清代金农的《月华图》（故宫博物院藏，图11-7）。此为金农晚年赠友人之作。全画中只有一轮满月，朦胧而硕大，外缘放射出万丈光芒，淡墨则涂抹出圆月里凹凸起伏的阴影，似乎隐约可见玉兔捣药。画面赋色简逸纯净，却呈现出某种不可名状的意境，甚至带有几分现代主义的意味。并没有证据表明金农的这幅画聚焦的便是中秋之月。但人们愿意相信，站上画面"C位"的这轮满月就是中秋之月。单凭此画的以奇制胜，人们便也可知为何金农被尊为"扬州八怪"之首。

而中秋节的最佳代言人——嫦娥，亦成为古来画家热衷于表现的对象。传为宋代刘松年所作的《嫦娥月宫图》（"台北故宫博物院"藏），绘嫦娥于云雾缭绕的月宫中逗引玉兔的场景——嫦娥立于殿宇之

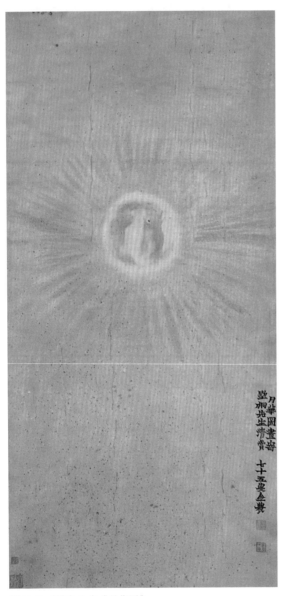

图11-7　〔清〕金农《月华图》

古画中的岁时记

间，颦首低眉，与玉兔面面相觑。此图呈现的月宫甚为富丽，殿宇轩昂，金碧辉煌，雕栏玉砌，假山林立，松柏繁茂，祥云缭绕，愈发衬托出嫦娥的孤独。元代亦有佚名的《嫦娥望月图》（芝加哥艺术博物馆藏，图11-8）。嫦娥白衣飘飘，倚树而立，眼神侧望向画面左下方的一轮圆月，神情似有些寂寥。此图中被描绘成深蓝色的背景在国画中不多见，让观者的心格外沉浸，脑海中不由地浮现出李商隐的那句"嫦娥应悔偷灵药，碧海青天夜夜心"。

图11-8 〔元〕佚名《嫦娥望月图》

　　　　　　　　　　　　　　　金·最是橙黄橘绿时

不知秋思落谁家
——古画中的秋愁

　　随着秋意渐浓，清泠泠的秋光常常惹得人们莫名的愁绪。正所谓"自古逢秋悲寂寥"（唐代刘禹锡《秋词二首·其一》）、"不知秋思落谁家"（唐代王建《十五夜望月》）、"悲哉，秋之为气也"（战国宋玉《九辩》）、"万里悲秋常作客"（唐代杜甫《登高》）……曹雪芹更是借多愁善感的林妹妹，写下《秋窗风雨夕》，吐露秋风秋雨愁煞人的心境。

　　诗词歌赋里的秋愁易于捕捉，古画中的秋愁却是只可意会。

　　绘江南渔村秋景的倪瓒《渔庄秋霁图》（上海博物馆藏，图12-1），就予人微凉的观感，似笼上一层淡淡的忧愁。画面采用倪瓒常用的"一河两岸"三段式平远构图：近处为生长于坡石上的几株秋树，高高耸立，四面生枝；中段为平如镜面的湖水，不见飞鸟、舟船，一片空濛；远处是微微起伏的山丘，在云雾缭绕间只若隐若现露出半截或山头，呈水平连绵之势，与近景的纵向挺拔之势形成呼应。画中的秋

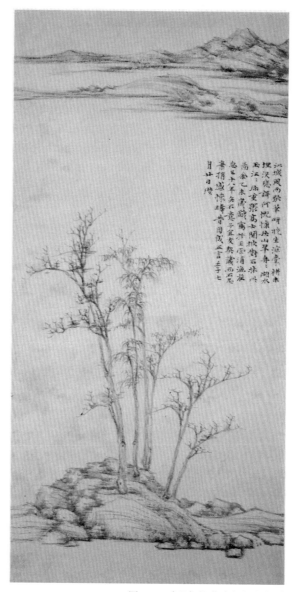

图12-1 〔元〕倪瓒《渔庄秋霁图》

愁，来自这种经典的构图，以及倪瓒的笔墨，尤其是其自创的枯淡的折带皴，呈现出萧疏清远、淡泊荒简的意境。与这种意境相印证的，是题于画上的诗句："江城风雨歇，笔研晚生凉。囊楮未埋没，悲歌何慨慷。秋山翠冉冉，湖水玉汪汪。郑重张高士，闲披对石床。"

自带愁绪的秋景，亦在盛懋的《秋江待渡图》（故宫博物院藏）中。此画构图与倪瓒的《渔庄秋霁图》有些异曲同工，只不过后者萧疏，前者萧森。画中近树繁茂，远山起伏，中段江水平如镜，江上有渔船划来，芦雁掠过。左下方，一位老者携一书童席地坐于树下，远远望向江水对岸。"待渡"之题材本就带有几分怅然，叠加上一层秋霜，于观者更是别有寒意。

以"秋思"为主题的古画亦有不少。吴历的《柳村秋思图轴》（故宫博物院藏，图12-2）是其中颇为特别的一幅。这是颇有空间感的山水画，远远望去甚至有些似铅笔素描。

图12-2 〔清〕吴历《柳村秋思图轴》

近大远小的景物在此画中格外突出，这在以往的中国画中甚少看到。近景的柳树是画中着意渲染的部分，柳叶以中锋落笔点染，又由水墨的浓淡层次变化显现出交叠错落的风貌。吴历的画风极为工细写实，画出了柳树浸润在秋霜中所呈现出的朦胧感，自然而然化为画中的秋思。这是因为吴历有过数十年天主教传教士的经历，不自觉地为传统山水融入西洋技法。这幅画是他为教友金造士所作，以画述说思念的心声。

不画秋景，明代唐寅的名作《秋风纨扇图》（上海博物馆藏，图12-3）以淡淡的水墨传递出秋愁。只见画中一位仕女形单影只，立于有湖石的庭院。她瘦削单薄，手执纨扇，侧身望向远方，眉宇间微露惆怅神色，似在顾影自怜；微微扬起的衣裙，让人想象秋风之萧瑟。这位

图12-3 〔明〕唐寅《秋风纨扇图》

金黄 · 最是橙黄橘绿时

仕女据说是汉成帝的宠妃班婕妤，"秋扇见捐"的典故就出自她的《怨歌行》，感慨日渐年老色衰的妇人，将与纨扇一样落入被人捐弃的境地。"秋来纨扇合收藏，何事佳人重感伤。请把世情详细看，大都谁不逐炎凉！"画上题诗，则借仕女之口，道出自己怀才不遇、命途多舛的感伤。

秋山四邻萧寺枕

——古画中的秋山萧寺

明净、萧瑟的秋天，总有一些特别的意象能隐隐勾起人们的悲愁。秋山萧寺便是其中一种，并且成为古画中重要的题材。

古画多将萧寺置于秋景山水中呈现，这一固定搭配甚至比"萧寺+冬景"更为典型。这或许是因为秋天的荒疏、清冷相比冬日的冰冻、严寒更有余韵，也与萧寺所代表的禅境更为贴合。

不少山水画名家都留有秋山萧寺的名作。

王蒙画过不止一幅《秋山萧寺图》，其中有幅在拍卖场上卖出1.36亿元。这位大家绘画中繁的特点在此图中一览无遗。只见繁线密点，苍苍莽莽，却并不紊乱。高耸如巨石般的山，让人想起范宽的《溪山行旅图》，山寺就掩映在大山深处。王蒙以卷曲如牛毛的皴笔，表现山石的机理结构，又以秃笔重墨的或聚或散，绘干、湿、浓、淡、光、毛不同质感的苔点丛生错落。皴法，被认为是架构山水画中"士气"

的重要绘画语言。而王蒙标志性的"繁线密点",未必是画景所需,而是将对客体时空的自我感受转化为主体的复杂心绪。樊圻笔下的《秋山萧寺图》轴(上海博物馆藏,图12-4)则苍劲有力,格调高爽,与此前提及的这位画家绘融融春景的《柳溪渔乐图》卷呈现出截然不同的面貌。此画绘山峰雄伟,林木萧索,秋瀑涧水缓流,耸立在山间的孤塔提示着深藏的寺院。前景横跨溪水的板桥上,有高人隐士拄着拐杖,欲往山里走去,曲径通幽的山道,似乎正通向远处的寺院。

尽管董邦达摹古功力颇深,熔黄公望、王蒙诸家笔墨于一手,他的《秋山萧寺图》("台北故宫博物院"藏)却因所绘景色有实地可考而显出辨识度。据画上乾隆长题诗句所言,此画画的是田盘山景色,并且是一幅命题画作,记的是乾隆秋游田盘山的情形,"高入天风侵袂寒,坐不可久立犹暂""烛照秋山萧寺图,满目金官看不厌"等表述让这样的秋景真实可感。

秋山萧寺图亦不只有立轴。上海博物馆藏有一幅宋代无款的《秋山萧寺图卷》,纵41.5厘米,横227.5米。江水将画面从左上至右下一分为二,左下近景为浓重深邃的层峦叠嶂,甚至有些山岭颇为陡峭,寺院、楼阁、飞瀑、板桥等统统掩映于山岭之间,右上远景是起伏平缓的远山淡影,一派冲淡平和。画面的疏密相间给人留下深刻印象。原上海博物馆书画研究部主任单国霖考证指出,此图既不同于南宋山水的边角之景,又异于元代山水简疏冷寂的气氛,而遗留着北宋重山

图12-4 〔清〕樊圻《秋山萧寺图》

金素 · 最是橙黄橘绿时

复水全景式山水的布局规则。传为北宋燕文贵的《秋山萧寺图》（纽约大都会博物馆藏，图12-5），是比前述《秋山萧寺图卷》铺展得更宽的一幅长卷。该画作景物稠密，布局错落有致、富于韵律感。一层层溪山重重叠叠，溪山之下水泊纵横，若隐若现。其中位于画面右边三分之一处的山峦最为雄浑壮阔，群峰叠起，飞瀑直泻，有着轩昂殿宇、飞檐斗拱的山寺正是隐于其中。

图12-5 〔北宋〕燕文贵《秋山萧寺图》局部

秋风萧萧送雁群
—— 古画中的秋雁

每到秋天，大雁成群结队飞往南方准备避寒过冬，常常惹得人们无端伤感。如是壮观的景象，始自白露时节。白露三候分别为鸿雁来、玄鸟归、群鸟养羞，集体指向鸟儿的动静。这也意味着天气转凉，真正意义上的秋天到了。

因与时序更迭紧密相连，古代诗词中秋雁的意象可以说是极为丰富的，或为思乡、念亲的载体，或为孤寂、苍凉的象征。刘禹锡在《秋风引》中感叹："何处秋风至？萧萧送雁群。"韦应物在《闻雁》中写道："淮南秋雨夜，高斋闻雁来。"卢照邻借《昭君怨》抒发："愿逐三秋雁，年年一度归。"在古代绘画中，其形象更成为秋天具体可感的一枚符号。

寒雁一双，成为元代吴镇《芦花寒雁图》（故宫博物院藏，图12-6）的点睛之笔。空阔无际、微波荡漾的大片水域构成画面主体，水中露出的几处渚石将画面分割得富于韵律。近处蒹葭苍苍,迎风摇曳,只一叶孤舟行于水上,渔父坐于船头,仰头望向天空,目光落在两只振翅南飞的大雁上。这是颇具意境的画面,甚至蕴含着几分禅家哲理。"元四家"之一的吴镇,颇为擅长"渔父图"题材,此幅《芦花寒雁图》亦可被归为此类题材。他喜用中锋湿墨落笔,多发挥水墨特性,如是画法也与水景十分相宜。

壮阔的雁群,更在明代项圣谟《画芦雁》轴("台北故宫博物院"藏,图12-7)展开的江天空旷中。远山、沙洲将画面分为四个区域,丛丛芦苇与行行大雁平分秋色。雁群在画中汇聚成三四处焦点,它们或结阵远来,或低翔而下,每一行少则十来只,多则数十只,在天空中划出高高低低的优美却又有些伤感的弧线。这极富生气的画面,或许得益于项圣谟崇尚自然天成的创作理念。他是明朝大收藏家项元汴之孙,除了从家族丰富的历代名画收藏中临摹精研前辈技法,也常常以写生获得灵感。画上自题的诗句,亦有情真意切的惆怅:"不知回雁峰。相去几多远。一行千万行。渐渐来何晚。"

说到画秋雁,不可不提的还有清代"扬州八怪"之一的边寿民。这位画家人称"边芦雁",一生以画芦雁自命。他笔下的秋雁,是大写意的泼墨特写,仅故宫博物院就藏有三幅。其中一幅纵128.5厘米、横48.5厘米的立轴《芦雁图》最有隽永的情味。依画上自题,此画绘于"立冬后二日",正是气候学上的深秋。这是纵式构图的小景,仅绘

图12-6 〔元〕吴镇《芦花寒雁图轴》　　　　　图12-7 〔明〕项圣谟《画芦雁》轴

　　　　　　　　　　　　　　　　金秋 • 最是橙黄橘绿时

两只秋雁。其中一只秋雁于画面右上方飞过，探着脖子向下俯瞰，而画面左下方，一只浮在水面的秋雁则半掩在一株高大的芦苇后，侧过身来与天上的芦雁以对视的目光形成巧妙的呼应。无论是芦苇还是秋雁，均以泼墨写意绘成。

白藏·雪晴云淡日光寒

萧 ⓔ

寒林漠漠愁烟锁
——古画中的寒林

跨过深秋的落叶纷纷，便是草木凋零的冬天。诚如汉乐府《孔雀东南飞》中写到的"寒风摧树木，严霜结庭兰"，抑或宋朝词人韦骧在《鹊桥仙》里感叹的"岁华将暮，寒林萧索，极目冻云垂地"。

描写冬日萧瑟的古诗词并不多，大概是古人把与之相关的情思都付给了深秋，毕竟寒风乍起、草木摇落的那个瞬间，最容易让人心生感慨。不过，枯木寒林倒是古代画家们的心头好，甚至比流淌着暖意的春山更受欢迎。凛冽寒风之下那些萧瑟、蜿蜒的枝条，既富有沧桑感，又呈现出生命寂灭时的超然物外。这是一种别具特色的审美意象，仿佛自带禅意，频频被用以抒情、寄寓。

宋画中有自成一格的"寒林山水"，专绘北方入冬树叶落尽以后的荒寒枯净。五代至宋初的画家李成，当得起其中的翘楚人物。以直幅形式画冬日山谷景色的《晴峦萧寺图》（美国纳尔逊阿特金斯美术馆藏，图 13-1），就呈现出寒林山水的特征。画中山峰高耸，下藏深沟巨壑，山涧瀑布飞流直下，一座气象庄严的寺院掩映在山间的寒林之中。倔曲如爪的枯木虬枝与恢宏磅礴的亭台楼阁形成了一种意味深长的对比。艺术史家高居翰在《中国绘画史》中对此图的形容或许正点出这种意味："山峦静穆，枯树兀立在稀岚里，黑树干清晰地矗立在前景，向后退去时，则渐淡成影而消失。曾为唐及唐前山水基本特质的温暖颜色和魅人的细节，在此都被牺牲，以便成就一种新的庄严气氛。"《寒林平野图》（"台北故宫博物院"藏）则又将镜头推进至冬日山间高耸的长松。图中，两株长松赫然矗立，杂以枯枝寒树，只见枝干交柯，盘根错节，颇有烟林清旷之气象，右上角有宋徽宗所题"李成寒林平野"六字。松枝乃典型的蟹状，这正是李成独创的"蟹爪枝"技法，专门用以表现寒林枯枝弯曲交错的状态。与王晓合作的《读碑窠石图》（日本大阪市立美术馆藏，李成画树，王晓画人，图 13-2），绘冬日空旷的原野上，一位骑驴的老人注视着一块巨大的石碑，其中更可见蟹爪枝的特写。画中，石碑旁边遒劲的老树不仅从主干伸出众多枝丫，还明显呈现伸展趋势，末端枝条的走向几乎都是向下的，有种倒挂的感觉，最终形成特殊的"蟹爪"状。老人、古碑、寒树三者"同框"，复合出一种穿越时空的历史沧桑之感。

范宽、郭熙等宋代山水画名家，也表现过寒林。范宽有《雪景寒林图》（天津博物馆藏，图 13-3），描绘北方冬日山川雪后壮美景象。

图13-1 〔五代至宋〕李成《晴峦萧寺图》

图13-2 〔五代至宋〕李成、王晓《读碑窠石图》

图13-3 〔北宋〕范宽《雪景寒林图》

白嶽 · 雪晴云淡日光寒

此图堪称传统山水画高远法与深远法结合的典范，布局雄奇而巧妙，以皑皑白雪中一座山势陡峻的山峰作为主景，将深谷、寒林、板桥、泉水、村庄、寺庙等一呼百应地统御于全画。其中大面积的寒林——作为近景的一片树林，有别于李成笔下的寒林。那是密林墨墨，枝枯却不萧疏，显出铮铮硬骨之态，而这样的特质其实也有借由白雪加以反衬的成分。《寒林图》（"台北故宫博物院"藏）则传为出自郭熙。图绘古柏一株，旁衬以寒林枯木，古柏老干虬枝，寒树木叶尽脱，两者各具姿态，鲜明地绘出柏树历经岁寒不凋的品格。南宋有幅佚名的《寒林楼观图》（"台北故宫博物院"藏）亦颇具代表性。它将山水画与界画融为一体。画中，一重重宏伟的建筑刻画得甚为细腻真实，同时，近景几株枝干挺拔、叶片凋落的林木，姿态分外动人，巧妙纾解了界画容易滋生的刻板印象。

寒鸦点点八残云
——古画中的寒鸦

　　清冷冬日，栖于枯木、寒汀之中的鸟雀，同样构成了荒寂、萧瑟的意象。寒鸦图、寒雀图甚至成为经典的中国画画题，画的不仅仅是景，更是愁绪，隐喻着寒冬般现实生活中的艰难处境，尤其成为落魄文人画家青睐的表达。

　　其实，早在宋代的相关画作中，寒鸦、寒雀可以成为冬日生机的点缀。出自北宋花鸟画家崔白的《寒雀图》（故宫博物院藏，图13-4）便是例证。这位画家以画雀闻名，此图描绘隆冬时节，九只麻雀飞动或栖止于一棵叶已落尽、枝杈参差的枯木上。画中的枯枝多用干墨皴擦晕染而成，从中间向两边、由粗到细延伸，弯弯曲曲，利落干脆，显得寂寞萧索。九只麻雀用笔干细，敷色清淡，它们依飞鸣动静之态散落树间，自然形成三组，或探头，或俯身，或闭目，或交流。正是这群神情、姿态各异的鸟，给单调乏味的冬季带来了灵动的生机。辽

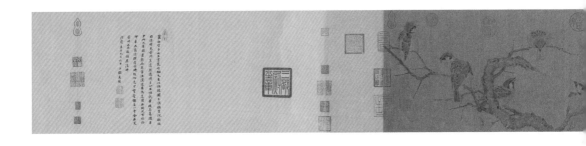

宁省博物馆藏有一幅宋代佚名的《寒鸦图》卷，绘冬日雪后寒塘衰草林木间群鸦翔集鸣噪的景象。图中共出现了四十九只寒鸦，它们大多位于林间，或翻飞，或啄食，或休憩，偶有几只离群的正从河岸左边飞来。元代画家赵孟頫在题跋上写道："余观此画林深雪积，寒色逼人，群鸟翔集，有饥冻哀鸣之态，亦可谓能矣。"但其实此画虽有逼人寒色，却并无太多荒寂之感。

凄清的寒鸦图景，来自元代画家罗稚川的《古木寒鸦图》（美国大都会艺术博物馆藏，图13-5）更为典型。立轴山水本显肃穆，近景、中景、远景"之"字穿插，自有一种倔强。近景是崎岖的岩石土坡上高耸着的两株古树，仿佛快要冲破画面。树干上有着累累疤痕，树叶落尽，光秃秃的树枝却依然矫健地向上伸展。在中景的林地缓坡上，几只寒鸦正在觅食。远处，点点寒鸦在空中回旋飞动，与起伏连绵的山峦形成呼应。笔墨简淡不放纵，在勾画点染中营造着静寂氛围。清代八大山人的《枯木寒鸦图》（故宫博物院藏）则极尽传神。这是一幅

图13-4 〔北宋〕崔白《寒雀图》

近景，隆冬时节，四只落寞的寒鸦在残石败枝上栖息。八大山人喜欢画鸟，并将其比作知己，以鸟儿传递人生态度，领悟人生真谛。此幅图中寒鸦的羽毛先以淡墨晕染，趁湿在淡墨上罩以浓墨，浓淡墨交融处显现出羽毛柔软、细密的质感。鸟的眼眶为一笔圈成的椭圆形，靠近上眼眶处以重墨点睛，一副"白眼向人"的神色顿现笔底。就是这鸟儿孤傲不驯的神态，最能体现画家内心想要释放的情绪。

白藏 · 雪晴云淡日光寒

图13-5 〔元〕罗稚川《古木寒鸦图》

梅花凌寒独自开
——古画中的梅花

隆冬时节，百花凋零，惟梅花在银装素裹的天地间盛放得独好。傲视风雪的它，清枝萧疏，幽香岑寂，是孤独的，也是倔强的。次第吹过的二十四番花信风，便以梅花为首，并认为梅花绽放始自小寒时节，诚如南宋女词人所写的"梅花先趁小寒开"。

《诗经》中就有关于梅花的记载，如"山有佳卉，侯栗侯梅""摽有梅，其实七兮"。《山海经》也写道："灵山有木多梅。"与兰花、竹子、菊花并称为"四君子"，又与松、竹并称为"岁寒三友"，梅花之于中华文化的特殊意义可见一斑，其品格深受文人雅士的喜爱，甚至成为中华民族的精神象征。也因而梅花在古画中格外灿烂，且涌现出马远、马麟、扬无咎、徐禹功、王冕、周之冕、金农等一批画梅圣手。

自宋代起，画梅渐渐形成两种截然不同的谱系。前一种以讲究理法、细腻典雅的"院体"绘就，表现的通常是"官梅"（又名"宫

图13-6 〔北宋〕赵佶《梅花绣眼图》

梅")。这种梅花经过人工不断修剪，枝干多显盘曲之美感，往往种植在官苑之中。宋徽宗的《梅花绣眼图》（故宫博物院藏，图13-6）便是典型代表。图中梅枝瘦劲，在曲曲折折间，颇见黄金分割般法则，枝上疏花秀蕊。一只绣眼鸟俏立枝头，鸣叫顾盼，与清丽的梅花相映成趣。其中梅花的画法精细纤巧，敷色厚重，自带富贵"光圈"，这样一种风格显然代表了皇家的审美。

如是风尚，在南宋宫廷画师马麟留下的多幅特写梅花中亦有迹可循。此家族自宋徽宗时起便在皇家画院供职，到马麟已是第五代。《层叠冰绡图轴》（故宫博物院藏，图13-7）是马麟画梅的名作。画中只绘自右斜出的两枝梅，有大量留白，如此更显构图的疏简雅致。枝干清癯瘦劲，花朵繁密俏媚，皆以双勾填色法绘之。花瓣外沿和背面又厚施白粉加以强调，烘托梅花冰清玉洁、如纱似绢的姣美形象。图中所画的两枝梅花据称为绿萼梅，是梅花中的名贵品种。杨皇后为此图题名的"层叠冰绡"四字，恰如其分又极富诗意地揭示画中梅花之美，也不免令人联想起中国传统纹样中经典的冰裂梅花纹。而

渾如冷蝶宿花房
擁抱檀心憶舊香
開到寒梢尤可愛
此般必是漢宮粧

图13-7 〔南宋〕马麟《层叠冰绡图轴》

马麟的一幅《暗香疏影图》（"台北故宫博物院"藏），则因梅枝的清影而独树一帜。中国传统绘画中少见对于影子的描绘，而在这幅画中，一簇开满白梅的枝丫夹杂着些许竹叶从右边向左延伸，在下方的水面上留下浅浅的影子。这一幕不禁令人想起北宋隐士林逋的咏梅千古名句："疏影横斜水清浅，暗香浮动月黄昏。"此画描绘的不仅仅是景，还有由视觉触发的嗅觉，以及撩动起的幽微心绪，意境远在画面之外。

更有生命力也更见梅花之风骨的，是另一种画梅谱系——在一众文人画家手中出神入化的墨梅。画的多是常在山涧水滨荒寒清绝之处生长的野梅。据说北宋的仲仁和尚，是"墨梅鼻祖"，并著有《华光梅谱》传世，将画梅上升到理论高度。遗憾的是，仲仁的墨梅没能流传至今。所幸的是，他的门徒扬无咎有《四梅花图》《雪梅图》（均故宫博物院藏）、《墨梅图》（天津博物馆藏）等作品存世，并且其墨梅被认为青出于蓝而胜于蓝。扬无咎笔下的梅花不用颜色，仅凭浓淡相间的水墨晕染而成，下笔轻快洗练，尤其擅长以极具美感的线条表现梅枝的秀逸挺拔。以墨线圈出花瓣之法，一改前人以墨或彩色点瓣画花朵的方式，更能表现梅花疏淡清雅的精神品格。这显然与富贵秾丽的宋代宫廷画风大相径庭，也因而扬无咎画的梅花被宋徽宗讥笑为"村梅"。但这一路墨梅对于中国绘画题材与技法的开掘具有重要意义。此后，扬无咎索性便在梅画上自署"奉敕村梅"，以示自嘲与自傲。

早已为人耳熟能详的墨梅或许来自元代画家王冕——"我家洗砚池头树，个个花开淡墨痕。不要人夸好颜色，只留清气满乾坤。"他为《墨梅图》（故宫博物院藏）自作的题画诗家喻户晓。"梅花屋主"是王冕的自号，他于家乡会稽的九里山隐居，种梅千枝，筑茅庐三间，题为"梅花屋"，足见其对于梅花之痴。王冕的墨梅师法扬无咎，不过，有别于扬无咎等宋人喜绘疏枝浅芯之梅，他笔下的梅多是枝密花繁的。从至为闻名的这幅《墨梅图》中，其画梅的如是偏好清晰可见。这是一丛倒挂梅，枝条茂密，前后错落。枝头缀满繁密的梅花，以淡墨晕染花瓣，浓墨点花萼、花蕊。它们正侧偃仰，千姿百态，犹如万斛玉珠撒落在银枝上，交枝处尤其花蕊累累。清爽的花朵与铁骨铮铮的干枝相映照，清气袭人。上海博物馆有幅王冕的《墨梅图》立轴（图13-8），画中倒挂的墨梅更以梅花压枝，予人密不透风之感。此图以勾瓣点蕊法画繁花盈枝，可谓王冕"繁华密蕊"式的代表作。画上的题诗同样经典："南十月天雨霜，人间草木不敢芳。独有溪头老梅树，面皮如铁生光芒。朔风吹寒珠蕾裂，千花万华开白雪。仿佛蓬莱群玉妃，夜深下踏瑶台月……"

"雪似梅花，梅花似雪。似与不似都奇绝。"（南宋吕本中《踏莎行·雪似梅花》）如烟波万顷的梅林，更是形成香雪海的奇观。清代晚期海派画家任熊晚年以十幅山水精品集成扛鼎之作《十万图》册（故宫博物院藏），以"十"和"万"来概括天下美景、人间乐事，其中名

图13-8 〔元〕王冕《墨梅图》立轴

为"万横香雪"的一幅（图13-9），描绘的正是中国四大赏梅地之首苏州香雪海的盛景。康熙年间，巡抚大臣宋荦游于苏州邓尉山花朵盛开的梅林，看到暗香浮动，花枝纷披，白茫茫一片，无边无垠，不禁雅兴勃发，在山崖上题下"香雪海"。海派雅俗共赏的艺术特色在任熊这幅画中淋漓尽现。这是一幅绘于金笺纸上的作品，画面有着绚丽的色彩，富于装饰趣味，浓艳华贵又不失雅逸。青绿染微微起伏的山峦，

图13-9 〔清〕任熊《十万图册》之万横香雪

盛开的白梅丛丛簇簇，依山势、流水错落蜿蜒至视线尽头，仿佛下了一场大雪，却又令人不禁想起那句"雪却输梅一段香"（南宋卢梅坡《雪梅·其一》）。

除了为梅花写真、留影，古人冬日赏梅、寻梅的风雅也频频为画卷所定格。

马麟之父马远常常以梅花与"残山剩水"式山水以及点缀画面的人物相结合，画出人与梅花交融的雅致与倔强，也画出冬日旷阔幽寂的氛围。例如，《梅溪放艇图》（故宫博物院藏）绘梅树与小船的相遇。溪中小船缓缓前行，船上一人划桨，一人远眺，视线恰好落在岸边的一株梅树上。树枝斜出溪岸，虬曲多姿，枝头的梅花含苞待放，似能

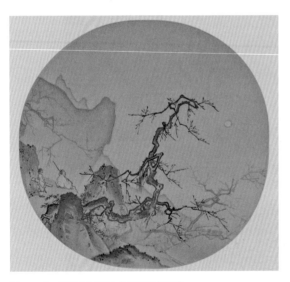

图13-10 〔南宋〕马远《月下观梅图》

让人嗅到淡淡花香。高士携童子月下赏梅的优雅情境，尽在《月下观梅图》（美国大都会艺术博物馆藏，图13-10）。此图左下半边可见大斧劈皴绘就的山石爽利峭劲，以焦墨勾勒的树干瘦如屈铁，劲健曲折的梅枝斜出石上，向右上角伸展。一位持杖高士悠然独坐于山石一角。在

他身后，站立着携琴的童子。两人望向远方，视线似乎恰好落在梅树上的点点花朵，而在梅树背后，一轮圆月洒下清晖，空气中似有暗香浮动。

梅下抚琴亦构成古人独特的审美生活。明代画家杜堇的《梅下横琴图》（上海博物馆藏，图13-11）描绘的就是这样一幕。依山构筑的月台上，一位文士倚梅树老干而坐，一边赏梅，一边抚琴，旁边有两位小童陪伴。梅枝横斜，虬曲多姿，枝上梅花点点绽开，别有一番超然世外的意境。清代任伯年的《梅花仕女图》（辽宁省博物馆藏），则极见赏花之情致。在此画中，依栅栏观看梅花的仕女位居"C位"，露出沉醉的神情。她面前的一树梅花枝密花繁、清香满溢。无论题材还是构图，皆雅俗共赏。同样以赏梅之人作为画面主角的，还有清代黄慎的《捧梅图》（辽宁省博物馆藏）。只见一位老翁手捧置有一枝梅花的花盆，情不自禁弯腰将鼻子凑上前去，憨态可掬，梅花的清香似乎溢出画外。

"踏雪寻梅"更是画家们钟爱的画题。雪地里的这种寻觅，是对梅花傲雪风骨的寻觅。这样一类画，画的多是孟浩然在风雪中骑驴过桥、踏雪寻梅的千古佳话。对此，明代文学家张岱在《夜航船》中有过记载。这也正是"踏雪寻梅"一词的出处。沿袭马远"马一角"式风格的明代画家王谔，就有一幅《踏雪寻梅图轴》（故宫博物院藏，图13-12），表现一主三仆于雪天往深山寻梅的情景。画中让出右上角的空白

图13-11 〔明〕杜堇《梅下横琴图》　　　图13-12 〔明〕王谔《踏雪寻梅图轴》

以凸显主景，构图颇有特色。山石棱角方硬，树干虬曲苍劲，山体、坡石多用大斧劈皴。从坡道上四人或掩面或缩颈的姿态，能够感受到北风袭人的寒意，而梅树上的梅花点点虽被白雪覆盖却依然倔强绽放。清代画家黄慎的《踏雪寻梅图》（沈阳故宫博物院藏）中，山峰颇为陡峭，白雪皑皑的山间小路旁，傲立着一株腊梅，皑皑白雪已然将枝干覆盖，枝头却遍开朵朵梅花。一位老者骑于驴上，伺童伴随其后，二人用衣袖掩嘴呵冻，不畏严寒，兴致勃勃地欣赏梅花。左上题七绝一首："骑驴踏雪为诗探，送尽春风酒一瓶，独有梅花知我意，冷香犹可较江南。"

白藏 · 雪晴云淡日光寒

围坐红泥小火炉

——古画中的御寒

　　天寒地冻之际，取暖御寒，是头等大事。没有暖风空调、电热毯、油汀等现代取暖设备，在数千年的生活历练中，古人们也自然而然"研发"出一系列"取暖神器"，归纳出一连串驱寒妙招。于是，漫长的冬日，他们一样可以谈诗论艺，博古雅集，在或许并不那么理想的现实环境中寻找生活的浪漫。

　　火盆，又名炭盆、神仙炉，里面装的是燃烧的木炭，往往被置于脚边或房屋中间用以取暖，至今已有约两千年历史。这可谓中国古代最为常见的取暖工具，皇宫用景泰蓝、铜等材质打造火盆，而民间百姓用的火盆多是用泥制成的。

　　托名宋代画家钱选的《西湖吟趣图卷》（故宫博物院藏，图14-1），画中人物用以取暖的神器便是炭盆。此画描绘的是以"梅妻鹤子"为人熟知的隐士林逋的冬日日常。画中，林逋蜷缩着双手，伏于置有笔

墨纸砚与酒樽俱全的案几上，专注地凝视着前方的瓶中梅枝。而其身后的小侍童坐在蒲团上，伸出手脚置于炭盆上方取暖，神情甚为可爱。这炭盆极素，比脸盆略大，有着一圈宽宽的盆沿，盆内可见炭块。西湖孤山冬天的清冷尽显于画面，但心境雅逸平和的林逋显然更能耐得住这份寒意。

　　清人绘制的一套十六开《胤禛行乐图册》（故宫博物院藏），描绘雍正帝cosplay（角色扮演）成村夫、文人、道士等不同人物，于清雅中追寻隐逸情怀。其中一幅聚焦"围炉观书"的场景，火盆成为画面点睛之处，只不过画名将其称为"炉"。只见画中身着汉族文人服饰的雍正帝手捧书册正在专心阅读，足下是热气腾腾的火盆，屋内暖意腾腾。这火盆颇为考究，盆架很可能是用黄花梨木制成的——这样的火盆架在今天的北京恭王府就藏有，有着细致的雕花与优雅的流线型足脚，极其风雅。

火盆或火炉加上罩笼，则成就了古代又一爆款御寒单品——薰笼，更为美观，也更为安全，除了取暖，还方便薰衣薰被。民间一般用竹片编织罩笼，宫廷则不乏以掐丝珐琅甚至铸铜鎏金打造罩笼。

明代陈洪绶的《斜倚薰笼图轴》（上海博物馆藏，图14-2）与清代禹之鼎的《斜倚薰笼图》（大英博物馆藏）都描绘了女子斜倚在细竹篾条编制成的薰笼之上的情形，不仅成为当时社会生活习俗的写照，亦

图14-2 〔明〕陈洪绶《斜倚薰笼图轴》局部

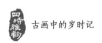
古画中的岁时记

让人不禁吟咏起白居易《后宫词》中那句"红颜未老恩先断，斜倚薰笼坐到明"，生发出对于彼时女性真实处境的感叹。在前一幅中，身披布满白鹤团纹锦被的女子俯卧于石青色的矮榻上，她所斜倚的薰笼编织得颇为疏朗，从中能够窥见里面的火炉。女子微微抬头，望向画面右上方，只见一只鹦鹉高悬架上，架旁一木根矮几，几上铜瓶中插有一支盛开的木芙蓉。榻前，还有一位俏皮的小儿忙着用团扇扑向一只大黑蝴蝶，引得侍女跟随在后。在后一幅中，女子披一袭红色披风，罩在薰笼上，她双手交错，以半趴的姿势斜倚薰笼，头微倾，似若有所思。颇为密实的薰笼，仿若一只金钟罩。一旁有位仕女高举烛台缓步走上前来。

清代陈枚的《月曼清游图》册有幅"围炉博古"。只见在偌大的厅堂内，八位仕女三三两两围在一起，欣赏着徐徐展开的立轴画。为其带来暖意的，是两只高高的熏笼。其中靠里面被立柱挡掉一半的那只，呈现出熏笼的标准形态，而距观者更近的那只，由于竹制罩笼被取下来置于地面，俨然成了火盆。

手炉，又名捧炉、袖炉，相当于古代的暖宝宝，可以捧在手上，笼进袖内，也时常被古代文人雅士置于几案。外壳多以漆器、铜器、珐琅等工艺进行制作和装饰，内胆为铜制，以备燃炭。清代诗人张劭有首名为《手炉》的七律，道尽手炉的妙处："松灰笼暖袖先知，银叶香飘篆一丝。顶伴梅花平出网，展环竹节卧生枝。不愁冻玉棋难捻，且喜元霜笔易持。纵使诗家寒到骨，阳春腕底已生姿。"

以"冬天"与"仕女"为关键词的古画中，不难觅得手炉的踪迹。清代佚名《雍正十二美人图》中聚焦"裘装对镜"的一幅（图14-3），就出现了手炉。只见身着宝蓝色裘装、腰系玉佩的仕女，右手搭于方盒子式的手炉上御寒，左手持铜镜，神情专注地对镜自赏。又如清代陈枚《月曼清游图》册描绘腊月活动之踏雪寻诗的一幅。画中，刚刚下完一场雪，松柏、假山、墙沿上还残留着积雪，贵妇们聚于温暖的厅堂，一边烹茶，一边观雪，吟诗作对，好不畅快。门外，有贵妇与侍女撑伞走来。这位贵妇身披貂皮斗篷，双手交握，提有鎏金手炉一只——为了携带方便，多数手炉都有这样的活动提梁。

除炭火之外，衣服是最重要的御寒物资。棉衣、貂皮等都是冬季"续命神器"，至于什么人能穿什么样的衣服用以保暖，是依身份等级而定的。从南宋刘松年《四景山水图》（故宫博物院藏）之冬景中，人们能够看到较为素朴的冬装。图绘湖边四合庭院，高松挺拔，苍竹白头，远山近石，地面屋顶，都铺满积雪，显得茫茫一片。桥头有位老翁骑驴张伞正在行走，侍者为其在前方导引，此二人身着的都是棉服。清代冷枚的《雪艳图》（上海博物馆藏，图14-4）则向人们秀出上流阶层的冬装。图绘三位女子雪中赏梅归来，左边那位俨然大户人家的千金，身着宝蓝色间杂金丝暗纹的皮草大衣，寒风中翻飞的衣角现出衣服的厚度与皮毛质感，她右侧的两位虽为侍女，衣饰也同样考究，一位裹着大红披肩，另一位的外套是墨绿底泛着金丝暗纹。与之相类

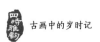

图14-3 〔清〕佚名《雍正十二美人图》之裘装对镜　　　　　图14-4 〔清〕冷枚《雪艳图》

似的，还有孙温绘《红楼梦》中的一幅《观景远望如艳雪图》，图中大观园里由丫鬟相伴的两位小姐均身披红色曳地斗篷，尽显贵气，与周围皑皑白雪勾画的琉璃世界形成鲜明对比。

而在冬日穿搭中，最是发挥奇效的，非帽子莫属，花样、款式亦可谓百变。在明代金忠《御世仁风》版画中，身着冬装的官员不仅在官帽外戴了额护，还头戴暖耳，这是看上去像皮草制的耳套。女子则有卧兔这样的"神器"，又名"昭君套"。在清代佚名《雍正十二美人图》中聚焦"烘炉观雪"的一幅（图14-5），临窗而坐、掀帐观梅的仕女，正是戴着卧兔。这是用条状貂皮围于髻下额上的帽套，形似一只伏卧的小兔，相传昭君出塞时戴的即为这样的貂皮帽。

冬日，温一壶好酒，喝得全身暖暖的，古人很早便深谙此道。不少描绘冬日场景的古画，都藏着饮酒的细节。幽寂如明代画家钟礼的《寒岩积雪图轴》（"台北故宫博物院"藏，图14-6）中，白雪覆盖整个溪岸与山峰，长松挺立在庭院中央，屋宇周围处梅花绽开。两位文士对坐在屋内秉烛谈心，一只火炉放置在他们中间，炉上正温着酒，带来丝丝暖意。热闹如清代画家董诰的《高宗御笔甲午雪后即事成咏诗》（"台北故宫博物院"藏）中，落在屋檐、松柏、梅花上的积雪，堆满冬日的氛围感。画面中间的房舍中，三人围坐对酌，一同赏雪，好不快哉。在方桌前，火盆烧得正好，其中正有酒壶。在雪地里，孩子们则在尽情地撒着欢。

图14-5 〔清〕佚名《雍正十二美人图》之烘炉观雪　　　　　图14-6 〔明〕钟礼《寒岩积雪图轴》

　　　　　　　　　　　　　　　　　　　　　　　白藏 • 雪晴云淡日光寒

试数窗间九九图

即便在万木凋零的冬日，中国人的浪漫也丝毫未减。"待将九九消寒尽，便是春风入户时。"依传统历法，从冬至日起，每九天为"一九"，数到第九个九天即八十一天时，东风送暖，大地回春。人们对于春天的祈盼，衍生出雅俗共赏的民俗事项——填染"九九消寒图"，在一笔一画间，迎接惠风和畅的春天。这样的诗意，是心间流淌的暖，仿佛可以抵御严寒。

故宫养心殿燕禧堂的隔扇上，至今悬挂着题名为"管城春满"的纸屏（图14-7）。这便是一幅经典的"九九消寒图"。所谓图，其实是九个双钩大字，"亭前垂柳珍重待春风"，三行三列排布，每字均为九画，共九九八十一画。"管城"者，毛笔也，入九之后，提笔逐日填上一画，待九字八十一画全部填毕，春色满园。

写九，仅仅是"九九消寒图"的一种经典图式。图上的九个字不尽相同，每字九画即可。例如，洛阳契约文书博物馆馆藏的"九九消寒图",写有的就是"拜将封侯挑袍看春秋"九个大字。

图14-7 九九消寒图

"九九消寒图"还包括画九、涂九。画九,最为常见的是画一束折枝梅花,花瓣有八十一朵,每日用朱红填染一瓣,九九足,红梅满枝生意盎然,已然春来到。清代富察敦崇在记叙当时北京岁时习俗的《燕京岁时记》中提到过这样的画九:"至日数九,书素梅一枝,为瓣八十有一,日染一瓣,瓣尽而九九毕,则春深矣,曰九九消寒之图。"此外,鱼形、娃娃、葫芦等,都是喜闻乐见的图式。

至于涂九,则可谓最具实用性的"九九消寒图"。这种消寒图往往印有呈九宫格排列的九组圆圈或空心铜钱之类的图案,总计八十一枚。每天涂一枚,涂几分满却是依天气而定,古有顺口溜曰:"上点天阴下点晴,左风右雨雪中心。"如此九九消寒之后,冬至以来的天气记录,一目了然,俨然一张气候"统计图"。

为什么数的是九?在中国哲学体系里,九为至高的阳数。人们相信,九九的尽头便是大地回阳。这样的规律其实也恰与科学实证不谋而合,成为智慧的体现。

谷粟为粥和豆煮

—— 古画中的腊八

俗语有"腊七腊八，冻掉下巴"之说。腊月初八腊八节，正是一年之中最为寒冷的时候。

这一天，家家户户熬煮热气腾腾的腊八粥来喝，如是习俗一直延续至今。看似御寒之意背后，更合乎中国源远流长的养生文化。腊八粥几乎包含了所有的五谷，五味俱全，故又称"五味粥"。彼时因深冬没有新的粮食产生，吃的几乎全是种子的精华。而其中"豆令人重"（《文选·嵇康·养生论》），豆类被认为补精髓，精髓多了人体就重。

自宋代起，腊八粥就成为腊八节的标配。宋人孟元老在《东京梦华录》中曰："十二月初八，诸大寺作浴佛会，并送七宝五味粥于门徒，谓之腊八粥。都人是日各家亦以果子杂料煮粥食之也。"清人李福以古时留下对于腊八粥的形容："七宝美调和，五味香糁入。"可惜，这一时令美味似乎鲜少在古画中留下踪迹。或许，我们能从四川彭州出土的汉代画像石《庖厨图》（四川博物馆藏）中，一窥古人煮汤粥时的情形。画面右侧，一人跪地面对一口大大的容器，手中执有长长的木棍正伸向容器。据学者推测此场景应为煮汤粥。

人们或许不知道，作为佛成道日与腊祭之日合二为一的日子，腊八节还是中国人的感恩节，承载着千百年来人们实实在在的感恩情怀。《说文解字》中对"腊"字的解释为："腊，冬至后三戌，腊祭百神。"农历十二月的"腊月"之称，即与腊祭的传统息息相关。这是源于上古的岁终大祭，在天地完成一年工作之际，感谢天地的赠予、百神的庇佑，也祝祷来年的丰收。最晚到春秋时期，腊祭成为国家大典的一部分。在南北朝时期，腊祭确定在腊月初八。南朝宗懔《荆楚岁时记》记载，在荆楚地区，"十二月八日为腊日"的习俗已然存在。南北朝魏收有感于寒冬与众人共祭诸神写下《腊节》："凝寒迫清祀，有酒宴嘉平。宿心何所道，藉此慰中情。"

在腊八节，还有一些习俗比腊八粥更久远，例如围猎。腊祭百神需要的肉类，从前是出门围猎而来的。人们将捕获的猎物作为祭品，供百神享用。东汉的《风俗通义》记载："腊者，猎也，言田猎取兽以祭祀其先祖也。"章怀太子李贤墓中有幅国宝级壁画《狩猎出行图》（陕西历史博物馆藏），让人们得以窥见唐人狩猎的恢宏。画中，四十多位骑马狩猎者簇拥着主人纵马驰向松林之间的猎场，他们或携弓带箭，或持鞭驾骑，好不壮观。又如打腊鼓。这项活动源于古代驱鬼避疫仪式傩，通常在腊日或腊日前一天举行。届时，戴上假面具的人们化身金刚力士，敲击细腰鼓，以喧天的歌舞寓意逐除邪魔疫病，并翘首盼望拉开迎春的序幕。古谚"腊鼓鸣，春草生""腊鼓动，农人奋"，道出腊尽春来，也恰与"小孩小孩你别馋，过了腊八就是年"的俗语形成对应。清代黄钺的《画龢丰协象》册中有幅"太平腊鼓"（"台北故宫博物院"藏，图14-8）描述的正是一众村童打腊鼓的场景。画上题诗曰："村童送腊乐丰亨，不知不识赤子情。岂为催花频击鼓，团銮尽是太平声。"

图14-8 〔清〕黄钺《画龢丰协象》之"太平腊鼓"

家有杯盘丰典祀
—— 古画中的迎春序曲

　　"小寒大寒，杀猪过年"的俗语提醒人们，小寒、大寒节气几乎与除旧迎新的时段相重合。尽管彼时天寒地冻，却抵挡不住人们欢天喜地迎接新年的热情，成为独属于中国人的"冰火两重天"。这是一场旷日持久的盛典，由腊八拉开序幕，进而又由祭灶的小年开始紧锣密鼓起来。

　　祭灶，指的是祭祀灶王爷。各地祭灶的时间不完全一致，有"官三民四船五"之谚语——当官的在腊月二十三，老百姓在腊月二十四，水上人家在腊月二十五。一说祭灶来源于上古对于火神的崇拜，最早的灶王爷便是火神祝融。也有说法称，祭灶是从上古的腊祭中演变而来。祭腊最主要祭祀的是与人们衣食住行相关的五尊神——户神、灶神、土神、门神、行神，不过，大约到了隋唐时期，灶神从这五尊神中被剥离开，拥有了专属地位。

　　糖，尤其被拉制成扁圆形的糖瓜，可谓祭灶时必不可少亦甚为独特的供品。人们希望以糖粘住灶王爷的嘴,请他升天至玉皇大帝那儿禀报时,能够多多美言。传说玉皇大帝会依据禀报,将这一家新一年的祸福吉凶再次交由灶王爷。张贴灶王爷画像,是旧时人家祭灶时的习俗。武强年画博物馆藏有的一幅清代武强年画《灶王》(图14-9),就是典型的灶王爷画像,上方是"久久平安"四个大字,下方是图像,分别画有灶王爷、灶王奶奶,以及手捧聚宝盆、环绕着他们的侍从、侍女,并书有"上天言好事,回宫降吉祥"对联一副。民间祭灶的场景,则在清代新成顺画店年画《同乐新年》第二幅《辞灶王》中有迹可循。只见灶王爷画像贴在灶台后面的墙壁上,灶台上摆有供品,两

图14-9 〔清〕武强年画《灶王》

位男子焚香点烛，正在行跪拜礼，女眷则站立在侧，也成为"女不祭灶"之旧习的映照。

扫尘，亦是岁末迎新必备。《清嘉录》载：腊将残，择宪书宜扫舍宇日，去庭户尘秽。或有在二十三日、二十四日及二十七日者，俗称"打埃尘"。这一日程往往在祭灶完成之后进行。此时，家中神灵返回天上，打扫便不怕打扰他们。这原是一项起源于古代祛除病疫的宗教仪式，日后逐渐演变成大扫除活动。"尘"谐音"陈"，新年来临之前的扫尘，扫除的不仅是家中的陈年积垢，也是旧岁中遇到的一切不如意。清代山东潍县年画《扫尘》就有对于民间扫尘习俗的再现。有着缤纷色彩的房屋透出新年气象，屋檐下有位男子手拿扫帚，仰头望向上方，似在寻找隐藏的积垢。

临近新年，张贴春联、门神、窗花、年画等吉祥物件依次安排上。这是撑起新年红红火火、焕然一新的"门面"，被统称为"年红"。富察敦崇《燕京岁时记》中记载："自入腊以后，即有文人墨客，在市肆檐下书写春联，以图润笔。祭灶之后，则渐次粘挂，千门万户，焕然一新。""每至腊月，繁盛之区，支搭席棚，售卖画片。妇女儿童争购之。亦所以点缀年华也。"清代杨柳青年画中的《贴门神门笺》与《家家户户贴门神》，都生动呈现张贴"年红"的场景。前者是喜庆、轻快的桃红色调，屋前共有十多人忙前忙后，门上贴好的一对门神格外醒目；后者是沉郁、稳重的深蓝色调，宁静的村庄下过一场雪，大地白

235

茫茫一片，院落门前有位女子似刚刚贴完门神。

　　除夕，祭祀先祖的习俗由来已久。家家户户都要将家谱、祖先像、牌位等供于家中上厅，安放供桌，摆好香炉、供品。《燕京岁时记》曰除夕"世胄之家，致祭宗祠，悬挂影像"。《红楼梦》中的除夕祭祖更是尽显礼仪规矩："贾府人分昭穆排班立定，贾敬主祭，贾赦陪祭，贾珍献爵，贾琏、贾琮献帛，宝玉捧香……"如是排场的直观印象，从孙温《红楼梦》描绘《宁国府除夕祭宗祠》（图14-10）那一幕中可见端倪。只见正中悬着宁、荣二祖遗像，供台上摆放着一排青铜祭器，香烛辉煌，颇有宁静肃穆之感，贾府数十上百人齐聚一堂，分两边列队。

图14-10　〔清〕孙温《红楼梦》之《宁国府除夕祭宗祠》

雪

窗含西岭千秋雪
——古画中的雪景

　　纷纷扬扬落下的一场雪，为冬天完成"定妆"——银装素裹，千里冰封，白茫茫大地真干净，好一个琉璃世界！这样的冬天，沉淀出独特的审美意味。"燕山雪花大如席，片片吹落轩辕台"，让李白在《北风行》中发出感叹的，是雪之豪迈；"朔风吹雪飞万里，三更薮薮鸣窗纸"，让陆游在《夜大雪歌》中深有体会的，是雪之苍凉；"晨起开门雪满山，雪晴云淡日光寒"，让郑燮在《山中雪后》中倍感欣喜的，是雪霁天晴。

　　雪景山水也构成传统中国画中富于辨识度且独具风雅的组成部分。雪景在视觉体验抑或情感寄寓上敷染出的荒寒与玄深，令画家们沉醉，而鲜少使用白色颜料的中国画，何以用笔墨表现雪景，亦一次次挑战着画家们的创作巧思。

　　五代画家荆浩的《雪山行旅图》（又名《雪景山水图》，美国纳尔逊·艾金斯美术馆藏，图15-1），是今天可见最早的雪景图。此画在雪景山水脉络中出场便是巅峰，凝结着一种纪念碑式的崇高性。山是北方的崇山峻岭，山间可见蜿蜒的小路、凋零的树木、流淌的河水，小桥跨河而过，屋舍人家掩映，行旅的人隐藏在山水之间。皑皑白雪将山峰、树木、屋顶覆盖，荆浩设色浓重，以秃笔细写的画法让画面显出某种斑驳的华丽。

江南风味的雪景，在同为五代画家赵幹的《江行初雪图》（"台北故宫博物院"藏）中也可见。这是一幅描绘冬日长江沿岸景观的长卷，尽管雪花纷飞、寒风袭来，江上的渔民依然或拉纤，或撑船，或张网，不辞辛劳；江岸上的行旅人瑟瑟前行，就连他们骑着的驴都冻得踟蹰不行。据说此画首次使用了"弹粉法"，这是中国画用来表现风雪的一种技法，用笔蘸取浓的白色，手弹笔头或笔杆使其震动，在画面上留下大小不一的白点，这样的雪花也似有了动感。

雪景更可谓宋代画家最为钟爱的主题之一，据说，雪景山水追求的寂静之静，暗合了彼时文人士大夫求静的修身需求。关于苏轼的一则故事证明了这样的推断。据说苏轼曾在被贬黄州时，将盖起的五间草堂命名为"东坡雪堂"，并在屋内四壁画满雪景，以观想雪景的方式修身。有统计称，两宋时期几乎每位山水画家都画过雪景，例如李成、范宽、许道宁、郭熙、李唐、夏圭都画过不下十幅。这一时期画中的雪景样貌也极为多样。北宋画家郭熙总结山水画创作经验理论形成的

图15-1 〔五代〕荆浩《雪景山水图》

白藏 · 雪晴云淡日光寒

《林泉高致》，曾将作为山水画"冬题"中重要内容的"雪"，细分为"寒云欲雪、冬阴密雪、冬阴霭雪、朔风飘雪、山涧小雪、迥溪远雪、雪后山家、雪中渔舍、踏雪远沽、雪溪平远、风雪平远、绝涧雪松、松轩醉雪"等诸多类型。郭熙本人的《雪景图》（图15-2）以及范宽的《雪景寒林图》、燕肃的《关山积雪图》《寒岩积雪图》、王诜的《渔村小雪图》等，都是宋代雪景画的佳作。

不过，私以为宋代的雪中小景更因渗透着人间温情而别具一格。北宋画家梁师闵的《芦汀密雪图》（故宫博物院藏）就是其中一幅。顾名思义，此画描绘严冬时节历经大雪之后的沙渚平川，芦塘中的水尚未冰封，一对鸳鸯于寒波中嬉戏，一对鸂鶒则在沙渚上相互依偎。坡石上密密覆盖着的白雪呈现出一种体积感，令人得以感受其厚度。生灵之活力与景色之荒寒形成对比的趣味。南宋画家夏圭的《雪堂客话图》（故宫博物院藏，图15-3），则形象地打开了宁静中透着温馨的冬日雪景。远山起伏，点点积雪尚未化开，画面左下方有间草屋掩映在苍劲斑驳的老树下。屋内有人，是面对面正在悠然对弈的两人。右下角则为细波荡漾的湖面，上面漂着一叶小舟。画面仅册页大小，却将山水、人物、花鸟融于一体，并以边角式构图含蓄地传递无边意蕴。

《哈佛中国史》将绘画视为气象指标，考证出明代某些时期流传的雪景画即与彼时的"降温期"不无关联，这也说明画家对于雪的描绘并非凭空想象。其中，文徵明长达四米多的《关山积雪图》（"台北故

图15-2 〔北宋〕郭熙（传）《雪景》

图15-3 〔南宋〕夏圭《雪堂客话图》

宫博物院"藏，图15-4）可谓这一时期雪景画的集大成者。这幅画画家一画就是五年，图景亦能在现实中找到索引。1528年冬天，文徵明与至交王宠同游，借宿在苏州上方山的楞伽寺。窗外突然漫天飞雪，好不壮观，王宠拿出纸笔，请文徵明帮他将这难得的美景留存于纸上。画中雪景以"借地为雪"的留白方式进行渲染。画家温润平和的画风，亦在其雪景画中有所呈现。无论层层叠加的用笔，还是淡石青、淡石绿、浅绛等典雅淳厚的用色，都让此画颇有装饰性意味，俨然一个晶莹剔透、万籁俱寂的冰雪琉璃世界。显然，它更多地融入了画家的主

图15-4 〔明〕文徵明《关山积雪图》局部

观体验与想象。诚如文徵明在题跋中写道："古之高人逸士，往往喜弄笔作山水以自娱，然多写雪景，盖欲假此以寄其岁寒明洁之意耳。"这一时代的画家宋旭虽然名声不大，却有一幅《雪居图》（吉林省博物馆藏）令人过目难忘。一来，此画绘雪景，运用的是"烘染法"，背景却不似黄公望《九峰雪霁图》那般暗沉泛黄，而是呈现出清新的灰色调，甚至近乎莫兰迪色；二来，古代的雪景画通常是山水画的一种，而这幅画融山水、庭院、人物于一体，洋溢着生活的情趣；三来，此画的题跋太过弹眼落睛，竟然密密写在树干、湖石、墙面、雪地上。

清代画家中的石涛、王翚、弘仁等亦都擅画雪景。私以为，弘仁的《西岩松雪图》（故宫博物院藏，图15-5）是最具辨识度的一幅。单看雪景画法，此画"借地为白"，略加渲染，山石阳面留白，阴面着墨，倒也算不得创新。不过弘仁笔下的山石是独一份的，俨然由大大小小的矩形几何体堆叠而成，颇具现代意识。此幅雪景正是如此将叠起的群峰抽象了出来，以醒目、倔强的众多竖向线条，"劈凿"出险峻的山石。在白雪的覆盖下，画中山景更显清朗、寒肃，亦更让观者感受到画家内心的清逸与孤净。

白藏 · 雪晴云淡日光寒

图15-5 〔清〕弘仁《西岩松雪图》

屐踏冰湖似箭驰
—— 古画中的冰上运动

　　尽管我国新疆的阿勒泰地区被认为是世界滑雪的起源地——此处发现了世界上最早反映滑雪场面的考古资料，距今约一万年，不过，在古代中国，冰雪运动不算流行，这显然与国内全域降雪量惊人之地不多有关。也因此，中国古代绘画作品中甚少见到冰雪运动。直到从冰天雪地中走来的满人创立清朝，由于帝王对冰雪运动的念念不忘，从而促使冰雪运动从宫廷活跃至民间。乾隆皇帝将"冰嬉"钦定为"国俗"，这是冰上各种运动在中国古代的统称。宫里每年举办一次冰嬉大典，相当于全国冬运会，项目种类涵盖了抢灯、抢球、走冰、技巧表演等，花样还不时翻新，甚至创立了名为"技勇冰鞋营"的冰上集训队。

　　自然而然，冰嬉图在清代成为固定的画题，足可见冰上运动在当时的流行程度，这样一类画还成为国力强盛的象征。其中有两幅《冰嬉图》最为闻名，一幅由金昆、程志道、福隆安等合绘（图15-6），

图15-6 〔清〕金昆等《冰嬉图》局部

另一幅则由张为邦、姚文翰携手完成（图15-7）。它们均出自清宫画师，长近六米，藏于故宫博物院，就连构图都十分相似，只不过画风上前者较为写实，色调偏于淡雅，后者装饰性更强，看上去更为富丽。

不妨就循着金昆等人版《冰嬉图》，看看这幅画究竟画了些什么。据学界考证，此图描绘的冰嬉地点应是金鳌玉蝀桥（即今北海桥）之南的水面。水面已然结冰，于冰面上盘旋回环、接受检阅的近百位八旗子弟，脚踏冰鞋，身姿矫健地舞出两个太极式图案，形如"8"字——画面中央的这一幕最是给观者留下深刻印象。他们表演的是融冰上"滑行"和"骑射"于一体的"转龙射球"项目，只见背插彩旗的旗手与身负弓箭的射手交错相间，翻卷起来的衣服下摆，以及随之飘动的旗帜，无不让人感受到滑行的迅疾。两个太极式图案的中心及右侧等距处，共立有三座红色旌门，每座旌门上都悬挂着一只彩色的天球，"转龙射球"的"球"指的就是它。射手们在滑过旌门的瞬间，转身开弓，奋力射向彩球。在滑行队伍中，还出现了舞刀、叠罗汉等杂技表演。皇帝是坐在冰床上观看这场盛典的，就位于画面"8"字形冰上队伍的右侧。名为冰床，其实是暖床，底座形如龙舟，其上叠放的似是一顶豪华轿子，四周用黄缎包围，冰床内设有貂皮软座，下有内装炭火炉的夹层。不过，此图中并不见皇帝的真面目。画面左边大臣嵇璜书写的乾隆皇帝《御制冰嬉赋有序》洋洋洒洒上千字，追溯冰嬉起

图15-7　〔清〕张为邦、姚文翰《冰嬉图》局部

源，道出当时这一国俗的重要地位，还分别描摹出速滑、抢球等几种冰嬉活动的情形，最是让此图具有文献意义。

　　尽管少了《御制冰嬉赋有序》，张为邦、姚文翰版《冰嬉图》其实或许更具图像学意义。图中"8"字形冰上队伍埋下了丰富的冰上运动"彩蛋"，近百人的健将中几乎找不到动作、形态相同的两人。看得

人们最是大开眼界的，是花样滑冰的各种招式，如"大蝎子""金鸡独立""哪吒闹海""双飞燕""千斤坠"，还有杂技中常见的爬竿、翻杠子、飞叉、耍刀、使棒、弄幡等。

堆雪人则可谓自古以来群众基础最高的冰雪活动。值得一提的是，古人冬天堆的雪人不是今天我们常见的娃娃状，而是狮子状，更确切的说法是堆雪狮。《东京梦华录》中即说到富贵人家在农历十二月"遇雪即开筵，塑雪狮，装雪灯雪，以会亲旧"。这或许不仅是百姓大众冰雪季的欢乐，也是一种接近瑞雪灵光的祈愿。堆出的雪狮究竟是什么样？郎世宁等人创作的《弘历雪景行乐图轴》（故宫博物院藏，图

图15-8 〔清〕郎世宁《弘历雪景行乐图》局部

15-8）中就有描绘。画中便服装扮的乾隆坐在屋檐下，看着庭院里的三个孩童正在堆砌雪狮。这狮子的造型与中国传统建筑前起守护作用的石狮子颇为相似。右边着绿衣的孩童正给中间着蓝衣的孩童递去一捧晶莹的白雪，左边着红衣的孩童则蹲在雪狮旁，似在检查雪狮的细节——三个孩童各具动感，让人们得以想见堆雪狮的有趣过程。《雍正十二月行

乐图轴》之"腊月赏雪"中，同样出现了堆雪狮的场景。院落中共计七八人都在参与这项活动，大人、孩童齐上阵，有人指挥，有人堆砌，有人端雪，有人铲雪。

除了堆雪狮，古人还喜欢堆雪罗汉，通常堆的是胖胖的弥勒佛——清代，在弱化信仰内涵的基础上，才有了这样一类造像。清乾隆年间天津杨柳青年画《抟雪成佛》(中国美术馆藏)，描绘的便是雪过天晴之后两位女子带着孩子们扫雪、堆雪罗汉的场景。孩子们一个用篮子盛雪，一个用铁铲铲雪，一个正给雪罗汉点睛，笑呵呵的大肚弥勒佛形象很是可亲。画面上房屋淳朴甚至有些简陋，屋门上张贴着"清白传家"的竖联，点出这是一户寻常人家。然而，雪给孩子们带来的欢乐依然那样具有感染力。

打雪仗的情形，古画中难以找到直接的印证，不过清代金廷标的《冰戏图》(故宫博物院藏，图15-9)中，为孩童们的冰上嬉

图15-9 〔清〕金廷标《冰戏图》轴

闹留下生动图像。水平面上三级浅浅的台阶将画面一分为二，台阶下的冰面上，几个孩童推推搡搡，有人一不小心就摔了个仰面朝天，台阶上凭栏观望的几个同伴则嬉笑着做着鬼脸。

孤舟独钓寒江雪
——古画中的雪渔

冰天雪地间，茫茫江面上，一位身披蓑衣的渔翁乘着一叶孤舟，独自垂钓。如是场景，在现实世界中或许少见，而在古画中，却构成数量丰富且独具魅力的一道冬景。"孤舟蓑笠翁，独钓寒江雪"，唐代柳宗元《江雪》中的名句跨越时空，演绎出这绵延千余年的经典图景。古代画家爱画寒江独钓，不仅仅因为钓鱼的确是一项充满乐趣的活动，更与其自身的抱负或精神追求息息相关。

在中国古代，"渔隐"常常成为文艺作品的主题，寄寓着文人士大夫的隐逸情怀。其中又以寒江独钓的极端情境最能诠释这种高洁。

山水画中的寒江独钓，画面之构图、人与山水之布局颇见功力。五代至宋初画家李成《寒江钓艇图》（"台北故宫博物院"藏）将孤舟垂钓者设定在山石瀑布间。画面远处，瀑布从悬崖上奔泻而下，近景则是几株古松参差挺峙于嶙峋的怪石间，白雪覆盖着大地，在这个奇

白藏 · 雪晴云淡日光寒

图15-10 〔北宋〕许道宁《雪溪渔父图》

崛冷寂的世界里，位于画面右下角的一位渔翁在寒江中独钓，似乎自有内心的执着与富足。山川天地之辽阔，在北宋画家许道宁的《雪溪渔父图》（"台北故宫博物院"藏，图15-10）中更可见一斑。画面呈对角线布局，群山居左上，河流居右，一派清朗。画中的山是万丈悬崖峭壁，许道宁画中常常出现这样的奇峰险境。他画画似乎不走寻常路，喜欢醉中作画，以潇洒狂逸的画格扬名，也因而这样的画往往呈现出一种动感。画中的渔翁简直要用望远镜放大来看。他头戴斗笠，

独自一人端坐在岸旁静静垂钓，与其置身的山水之宏大形成鲜明对比，颇有天地间仿佛只一人的寂然。明代画家袁尚统的《寒江独钓图》（山东博物馆藏）中，山势险峻的雪山与被积雪覆盖的劲松分踞左上与右下角，静寂的茫茫湖面将其分隔，拉出画面的张力。湖面上停有一艘小舟，一位蓑笠翁正独自垂钓。

寒江独钓主题若论以简胜繁，怕是没有画作能出南宋马远《寒江

独钓图》（日本东京国立博物馆藏，图15-11）之右。画面惜墨如金，章法精练，仅在中心位置画有一叶孤舟，船头一人把竿垂钓，身体微微前倾，凝神专注于水面。此画中并不见飘落的雪花，或是垒起的积雪，留白的背景在近千年之后的今天看来，显出泛黄色调，让人想起静谧夜晚的淡淡月色，又或是空空荡荡的江面，孤独感满满，寒意是隐隐渗出画面的。再看坐在船头正在垂钓的老翁，蜷缩着肩膀，这个细节亦让人想象江面上的寒气逼人。令人称奇的是，老翁所用的钓竿竟然是轮竿，装有收卷钓线的转轮，与今天几乎无异，可见此画简约而不简单。

以聚焦渔翁而留名艺术史的寒江独钓图，还有明代陆治的《寒江钓艇》（"台北故宫博物院"藏，图15-12）与清代胡锡珪的《寒江独钓图》扇页（故宫博物院藏）。前一幅画为立轴，孤舟上凝神垂钓的那位渔翁占去画面不小的位置，俨然是将"长焦镜头"推进的"大特写"。舟上的船篷格外醒目，渔翁披着厚厚的蓑衣，半个身子蜷缩在船篷里。鱼竿则由渔翁用一块蓝色的布包裹着双手伸向前方，如是细节将"冷"字诠释得分外传神。在一舟一人的主体之外，老枯树从画面左下方往中心上方蹿出的一丛遒劲枝干，覆盖着点点积雪，撑起布局，赋予此画清奇的构图，也从外部环境的角度传递着寒意。陆治乃文徵明高徒，无怪乎此画中出现了文徵明的题诗："雪满青山罨画船，中流泛泛小如莲。无端棹入冰壶去，一片清寒万里天。"乾隆皇帝更是对此

图15-11 〔南宋〕马远《寒江独钓图》

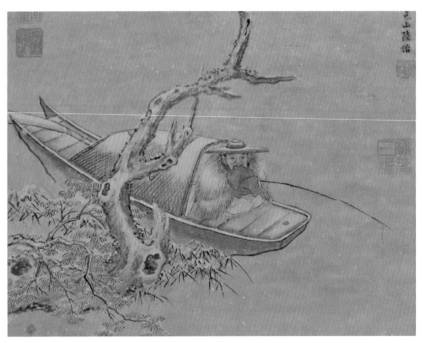

图15-12 〔明〕陆治《寒江钓艇》局部

画钟爱有加，一连在画上盖了十多个印章。后一幅画干脆连小舟都隐去，头戴斗笠、身披蓑衣的渔翁以侧坐的姿势垂钓，手中的鱼竿长长的，在画面中画出意味深长的弧度。善没骨人物的胡锡珪将渔翁的形象塑造得颇为淡泊潇洒。画家又用敷陈的白粉以示雪落茫茫，只见江面、斗笠、蓑衣、鱼竿上均显出雪的痕迹，渔翁的前景——片片竹叶，更是朦朦胧胧笼在白雪间。画面的清凉意境，恰恰呼应了垂钓者自得清娱的高逸品格。

每于寒尽觉春生。穿越至极的凛冽，又有更新的万象值得人们深情拥抱。

后记

从未想到，我的第一本书不是过往在报刊发表文章的精选合集，而是完完全全另起炉灶。班门弄斧，令行家见笑了。

对我而言，这是一份"时间的礼物"。

不仅仅指书中内容与时序流转息息相连，也指这本书的写就与自己近15年担任记者兼编辑杂而不专的积累不无关涉。甚至于，它的促成是多少因缘际会的水到渠成。

感谢我所供职的《文汇报》，让中文系出身的自己得以与艺术结缘，拥有长期深耕艺术这亩田的难得契机。

感谢我的策划编辑潘飞，相识十多年，素未谋面，却给了我莫大的信任和鼓励，让我"任性"地书写这本或许在很多方面未必经得起推敲的小书，甚至从不催稿，而在我需要听取建议时，总能闪现出金点子。

感谢我的研究生导师祝克懿，传道授业解惑之外，始终如慈母般关注着我一点一滴的成长，并且特意倾情为我的小书写下洋洋洒洒的序言，不吝溢美之词。

感谢我的爸爸范维浩，以工科教授退休之后的小小爱好，为我的小书题写了情感浓度超标的书名。

感谢我朝夕相伴的家人们，默默站在我身后，给我力量，为我解忧，让我的写作没有半途而废。

感谢写作过程中给予我提点与帮助的众多亲朋好友，灵感的千头万绪离不开你们。

感谢故宫博物院、上海博物馆等国内外众多文博机构免费开放的电子藏品资源，正是馆方的辛劳整理、无私共享，铺就了我此次的写作通途。

岁月不居，时节如流。小书出版之时，正值自己迈入不惑之年。

纵然绕过一些弯路、撞过一些南墙，仍然相信，时间是世界上最公平的东西，总会给温柔的我们以嘉许。

又是一年春来到。让我们跨越时间的湍流，从容前行。

写于2023年岁末

编辑手记

把时间酿成酒、写成史、刻成碑，直至凝固永恒

时间是一种奇特的造物。它无形，不可捉摸。但每个人对它的感知又是如此清晰、分明——逐渐泛黄的照片，两鬓突生的华发，分道扬镳的情谊，渐次模糊的记忆……世间万物皆随其变幻，才使人有"白云苍狗"之慨。时间本身是一把"尺子"，度量一切：人们总是喜欢与智慧的老者对话，对博物馆里锈迹斑斑的青铜器啧啧称奇，把相交几十年的老友视作珍宝……究其内因，皆是在"悠长的时间"面前不免肃然起敬。但反过来，时间又被人们丈量：日晷、钟表、节气、时令等的发明，是为了让时间被尺度化、系统化；人们酿酒、撰史、修造纪念碑，为的也是以各种形式让无形的时间得以显形！

掐指一算，我和范昕，也是认识十几年的老友。但更让人感慨的是：从在其负责的《文汇报》阅读版面发表若干书评开始直到今天，我们竟然素未谋面。仅靠彼此的欣赏，我们的友情竟然素净地、清白

地维持了十几年之久！

更奇妙的是，直到认识多年后，我们才陡然验明了同为湖湘子弟的身份。这份地缘的关联，加深了彼此的情谊。我很荣幸，受这位没见过面的老乡之助，在《文汇报》如此重磅的人文大报发表了诸篇拙作，生平自我教化最深的一篇书评《那边有隔墙有耳的神灵 这边有面壁自视的心灵》也是经由范昕之手刊出。蓦然惊觉：上小学时，母亲办公室里报纸架上长年订阅的，除了本地的《湖南日报》，夹的就是《文汇报》。几十年的许多记忆已经漫漶不清，但报头的三个鲜红大字仍记忆犹新。成年之后，能在一位老乡、好友的扶持下，完成从《文汇报》"读者"向"笔者"的转换，不由得让人感慨时间的神奇！

因此，《四时雅韵：古画中的岁时记》首先是一本见证友情的"记时之作"和"老友记"。

但反过来，我能以出版人的身份为范昕打造其生平的第一本著作，也突然生出点儿"白蛇变人形报答许仙前世搭救之恩"的小得意。范昕这一次选择的是与时间为伴、与时令作戏。拿到初稿时，我为范昕的文笔所吸引，最重要的是，一份时间的厚重扑面而来：第一，范昕长期浸润于文化圈、艺术圈，担任《文汇报》艺术条线记者十余年，同时编辑《文汇报》"艺术"版十余年，还在艺术评论领域卓有建树，多篇艺术评论刊登于《上海艺术评论》等权威期刊。所以，无论是其职业，还是其学术积淀，本书凝聚了她用时间武装的思想力量。第二，范昕机敏地发现了以古画为载体呈现的古人围绕时令展开的智慧。"中国传统绘画尽管不以写实取胜，却在摄影术尚未问世的漫长时光里，以别样的方式为时序更迭的特定岁时留下珍贵的图证，甚至成为难得的历史档案。"她还精心地用"启""萌""争""游""暑""荫""漾""丰""满"等动感十足的单字作为章名，凝练出春、夏、秋、冬人类活动的特点，活生生地把我们"拽"到"现场"，与画中的那些古人对话。

我和范昕在编辑本书的过程中，也达成以下共识：生活虽琐碎，但你若热爱，便能与它为伴，成为朋友，从中收获丝丝缕缕的小确幸。我们希望读者在立春时赏花、在立冬时品雪，越发热爱生活。时间易逝，岁月难回。我们还希望读者能珍惜时光、不负韶华，过好每一天。"弱性蒙心，随喜赞悦。"随喜，是一种至高境界。"感时花溅泪"，我们更希望读者，能从书中感受到"万物有灵"，为世间万物而感动、感激、感怀，清晰又敏感地捕捉到高贵的生命质感，从而明心见性、拈花一笑。总之，怀揣着一颗"欢喜心"，建立一个"有趣的灵魂"，去和时间"嬉戏"，又悲悯地赞叹、珍惜万物。

从"小时间"来说，本书付梓，恰逢龙年立春，因此，以《四时雅韵》为名，引发万物苏醒，自然是再恰逢其时不过了。从"大时间"来说，本书是对"着力赓续中华文脉、推动中华优秀传统文化创造性转化和创新性发展，不断提升国家文化软实力和中华文化影响力"的积极响应，力图把传统文化中围绕时令而产生的生活之美以及古画中的艺术之美淋漓尽致地展现。

我们屏气凝神，为悄无声息倏忽而过的时间树碑立传、造像泼墨……以求显形，而反过来，时间也为我们的生活作证。从古至今，把时间酿成酒、写成史、刻成碑，直至凝固永恒，是为了把时间以一种坚不可摧、深厚绵长的物质方式记录和保存。但我和范昕的共同目标是：用一种独特的精神方式，把时间变成了"显影剂"，《四时雅韵：古画中的岁时记》让古画中的时间之美得以显露，让古人围绕时令创造的许多生活情趣得以绵延。

"一年之计在于春。"《四时雅韵：古画中的岁时记》升华我和范昕的友谊，更携带着龙年最暖的春意，洒向这壮美人间。

本书策划编辑、"大观"品牌主理人　潘飞

写于2023年岁末